FORSCHUNGSBERICHT DES LANDES NORDRHEIN-WESTFALEN

Nr. 2559/Fachgruppe Hüttenwesen/Werkstoffkunde

Herausgegeben im Auftrage des Ministerpräsidenten Heinz Kühn
vom Minister für Wissenschaft und Forschung Johannes Rau

AF773415

Prof. Dr.-Ing. Dr. h.c. Helmut Winterhager
Dr.-Ing. Andreas Kohler
Dr.-Ing. Wolfgang Krajewski

Institut für Metallhüttenwesen und Elektrometallurgie
der Rhein.-Westf. Techn. Hochschule Aachen

Untersuchung zur trockenen Hochtemperaturkorrosion von technisch genutzten Titanbasislegierungen

Westdeutscher Verlag 1976

© 1976 by Westdeutscher Verlag GmbH, Opladen
Gesamtherstellung: Westdeutscher Verlag

ISBN-13: 978-3-531-02559-9 e-ISBN- 13: 978-3-322-88305-6
DOI: 10.1007/978-3-322-88305-6

Inhalt

1. Einleitung

Eine wirtschaftliche großtechnische Produktion von Titan gelang erst nach dem zweiten Weltkrieg, hat aber seither einen großen Aufschwung genommen: 1949 produzierten die USA ungefähr 50 t Titan, 1972 etwa 22.000 t. Der Anwendungsbereich von Titan und Titanbasislegierungen umfaßt Luft- und Raumfahrt, Chemieanlagen, Anwendung in Elektrochemie, Medizin und in weiteren technischen Bereichen (1-5).

Besonders vorteilhaft für Titan sind die geringe Dichte von 4,5 g/cm^3, die guten Festigkeitseigenschaften und die gute Korrosionsbesändigkeit gegen Gase und Chemikalien aller Art. Technische Anwendungen sind im Temperaturbereich von - 253 bis + 550°C bekannt, bei höheren Temperaturen werden die Festigkeitseigenschaften, vor allem die Kriechfestigkeit, schnell schlechter (1-7). Deswegen ist das Hochtemperaturkorrosionsverhalten von Titanlegierungen in Luft und Sauerstoff im Temperaturbereich von 800 bis 1000°C bisher kaum untersucht worden (7). Dagegen liegen über die Oxidation von Reintitan zahlreiche Veröffentlichungen vor (8-30).

Durch Neuentwicklungen im Triebwerksbau, einem Hauptanwendungsgebiet für Hochtemperaturtitanlegierungen, steigt die Temperaturbeanspruchung ständig. Daher liegt der Schwerpunkt der Legierungsentwicklung bei warmfesten Titanlegierungen mit einer höheren oberen Betriebstemperatur. Diese Entwicklung macht Untersuchungen zur Hochtemperaturkorrosion technischer Titanlegierungen notwendig.

Ziele der vorliegenden Arbeit sind die Ermittlung der Zunderkonstanten, der Oxidationskinetik und der Aktivierungsenergien der Oxidation sowie die Untersuchung der Reaktionsprodukte durch Röntgenfluoreszenz-, Mikroskop- und Raster- bzw. Slow-Scan-Mikroanalysatoraufnahmen. Durch die Härtemessungen und die Bestimmung des Wärmeausdehnungsverhaltens im Temperaturbereich von 100 bis 900°C sollen zusätzliche Werkstoffdaten ermittelt werden.

2. Die Oxidation von Titan und Titanbasislegierungen

Die Widerstandsfähigkeit eines zunderfesten Werkstoffes beruht auf der Bildung einer vor weiterem Angriff schützenden Zunderschicht durch Reaktion des Werkstoffes mit der ihn umgebenden Gasatmosphäre. Es findet aber immer eine, wenn auch geringe, Korrosion des Werkstoffes statt. Baur, Kröhnke und Masing (53) bezeichnen einen metallischen Werkstoff als zunderbeständig, wenn er bei 120 Stunden Versuchszeit einen Metallverlust aufweist, der nicht größer als 2 bis 2,5 $g/m^2 \cdot h$ ist.

Die Oxidation von Titan durch Gase bei Temperaturen von 800 bis 1000 °C war Gegenstand zahlreicher Untersuchungen. So gibt es Untersuchungen über das Verhalten von Titan gegen CO_2 (11, 12) Wasserdampf (13-15), Wasserdampf-Luft-Gemisch (15), Stickstoff (16-18), Luft (7, 19-21), Sauerstoff von etwa 1 bar (8, 9, 17, 22 - 29) und Sauerstoff von 10^{-3} bis 10^{-7} bar (10, 23, 24, 29, 30). Dennoch läßt sich aus diesen Untersuchungen kein einheitliches Bild über den Oxidationsmechanismus gewinnen. Die Unterschiede in den quantitativen Ergebnissen dürften vor allem darin liegen, daß dem Einfluß mechanischer, physikalischer und chemischer Größen auf das Oxidationsverhalten nicht genügend Rechnung getragen wurde. Eine gute Zusammenstellung dieser Einflußgrößen und ihrer Wirkung findet sich bei Krajewski (31). In den folgenden Abschnitten soll ein Überblick über die bisher vorliegenden Daten gegeben werden.

2.1 Aufbau der Oxidschicht

Das Zustandsdiagramm Ti-O (Abb. 1) zeigt, daß die Löslichkeit von α-Ti für Sauerstoff recht gering (max. 4 At.-%) ist, daß β-Ti jedoch bis zu max. etwa 24 At.-% (etwa 14,5 Massen-%) Sauerstoff zu lösen vermag. Außerdem treten die Oxide TiO, Ti_2O_3 und TiO_2 auf, die alle einen gewissen Phasenbereich aufweisen. Außerdem sollen noch weitere Phasen bzw. Oxide mit der Zusammensetzung Ti_3O_5 und Ti_7O_{12} auftreten; ihre Existenz erscheint aber nicht gesichert (4, 5, 8, 9).

Es liegt nun, auch aus thermodynamischen Überlegungen, nahe anzunehmen, daß die sich bei der Oxidation auf dem Titan bildende Zunderschicht aus mehreren Oxiden besteht: TiO an der Phasengrenze Metall/Zunder, darüber Ti_2O_3 und schließlich TiO_2 an der Phasengrenze Zunder/Gas. Nach den experimentellen Befunden trifft dies aber nicht zu. Das einzige Oxid, das normalerweise nachgewiesen werden konnte, ist Rutil (TiO_2), wenn auch unter Umständen mit einem geringen Sauerstoffunterschuß (8, 9, 32). Allerdings ist im Falle sehr hoher Temperaturen, sehr niedriger Sauerstoffpartialdrücke oder bei Anwesenheit von Verunreinigungen im Oxidationsgas und bei Oxidation in Luft auch das Auftreten niedriger Oxide beobachtet worden (8-10, 24, 25, 33).

Rutil ist ein Halbleiter vom n-Typ, dessen Formel eigentlich TiO_{2-x} lauten muß, wobei die Größe von x nicht genau bestimmt ist, jedoch wohl $< 0,1$ sein dürfte. Außerdem scheint x von unterschiedlichen Einflußfaktoren abzuhängen (32). Ob der Sauerstoffunterschuß auf Sauerstoff-Leerstellen oder auf Zwischengittertitan zurückzuführen ist, ist im Schrifttum strittig (8, 9).

2.2 Diffusion in Metall und Zunder

Sauerstoff bildet mit Titan einen Einlagerungsgemischkristall, wobei der Sauerstoff in den Oktaederlücken sitzt. Diese sind in β-Ti etwa 40 % größer als in α-Ti. Die Diffusion erfolgt durch Sprünge der Sauerstoffatome von einer Lücke zur anderen (8). Die Temperaturabhängigkeit des Diffusionskoeffizienten D ist empirisch durch die Beziehung

$$D = D_o \cdot \exp(-E/RT)$$

gegeben, wobei D_o eine Konstante ist (der Frequenzfaktor), E die Aktivierungsenergie der Diffusion, R die allgemeine Gaskonstante und T die absolute Temperatur. Die Werte D_o und E sind von verschiedenen Autoren bestimmt worden, jedoch schwanken die Ergebnisse beträchtlich. Außerdem scheint, zumindest in α-Ti, der Sauerstoffdiffusionskoeffizient auch von der Sauerstoffkonzentration abhängig zu sein.

Kofstad (10) gibt 1967 in einer Zusammenfassung folgende Werte für D_o und E in α-Ti und β-Ti an: Für α-Ti liegt D_o zwischen $5{,}1 \cdot 10^{-3}$ und 8,9, die Aktivierungsenergie zwischen 33,5 und 58,5 kcal/mol. Für β-Ti schwanken die Werte für D_o zwischen $8{,}3 \cdot 10^{-2}$ und $3{,}1 \cdot 10^{-4}$, für E zwischen 31,2 und 68,7 kcal/mol.

1970 fand Rosa (34) folgende Temperaturabhängigkeit für den Sauerstoffdiffusionskoeffizienten in α- und β-Titan:

$$D_\alpha = 0{,}778 \cdot \exp(-48.600/RT)$$
$$D_\beta = 3{,}30 \cdot 10^2 \cdot \exp(-58.800/RT)$$

und zwar im Temperaturbereich von 932 bis 1142°C.

Ignatov et al. (35) geben für β-Ti die Beziehung

$$D_\beta = 0{,}14 \cdot \exp(-33.300/RT)$$

an. Für α-Ti lautet die gefundene Formel:

$$D_\alpha = (4 + 13(\Delta C)^{2)} \cdot \exp[(-48.000 + 4.300\Delta C)/RT]$$

Dabei ist durch ΔC auch die Abhängigkeit von der Sauerstoffkonzentration berücksichtigt. ΔC ist der Sauerstoffkonzentrationsgradient, der bei Gültigkeit obiger Gleichung 1 At.-% nicht überschreiten soll.

Auch über die Diffusionsverhältnisse in Rutil herrscht keine allzu große Klarheit. Immerhin erscheint einigermaßen gesichert zu sein, daß bei Temperaturen bis zu 900 oder 1000°C vor allem die Einwärtsdiffusion von Sauerstoff durch die Rutilschicht ausschlaggebend für die Oxidation ist, während bei höheren Temperaturen auch die Diffusion von Titan in Rutil eine Rolle spielen könnte (8, 9, 32). Bei

Kofstad (8) werden für die Sauerstoffdiffusion in Rutil Werte von 73 und 60 kcal/mol für die Aktivierungsenergie bzw. 1,1 und $2 \cdot 10^{-3}$ für den Frequenzfaktor D_o angegeben. Für die Diffusion von Titan in Rutil wird D = 0,16 exp (-80.000/RT) angegeben.

2.3 Oxidationsmechanismen

Für die Oxidation von Titan scheinen mehrere verschiedene Geschwindigkeitsgesetzte möglich zu sein, deren Auftreten von der Oxidationstemperatur und -zeit abhängen. Kofstad (8) und auch Saulnier (9) bringen gute Zusammenfassungen. Danach ist die Bildung einer Zunderschicht immer auch mit der gleichzeitigen Auflösung von Sauerstoff im Titan verbunden. Durch die Oxidation wird anfänglich eine schützende Zunderschicht gebildet, deren Schutzwirkung aber bei längerer Oxidation bei hohen Temperaturen wieder verloren geht.

Für den hier interessierenden Temperaturbereich von 800 bis 1000 °C soll anfänglich ein parabolisches Geschwindigkeitsgesetz gelten, daß nach einer gewissen Oxidationszeit durch ein lineares Gesetz abgelöst wird. Die Oxidation soll dabei nach folgendem Mechanismus ablaufen.

Nach der (sehr schnell erfolgenden) Bildung einer Anlaufschicht verläuft die Oxidation nach einem parabolischen Zeitgesetz. Dabei ist nicht ganz klar, welcher Reaktionsteilschritt für das parabolische Verhalten verantwortlich ist. Einerseits wäre es möglich, daß die Sauerstoffdiffusion durch die Zunderschicht geschwindigkeitsbestimmend ist (8, 22, 23), andererseits wird jedoch auch die Diffusion und Auflösung von Sauerstoff in Titan als geschwindigkeitsbestimmend angesehen (10, 27, 36). Die Aufteilung des reagierten Sauerstoffs auf den Zunder und den Metallkern wird unterschiedlich angegeben (23, 26-28). So fand Jenkins (23) bei 900 °C und p_{O2} = 700 Torr nach 8 h, daß 76 % des verbrauchten Sauerstoffs im Zunder vorlagen und 24 % im Metall. Kofstad et al. (27) hingegen fanden, daß nach 30 min bei 900 °C und 1 atm Sauerstoff mehr als 80 % des reagierten Sauerstoffs im Metall waren. Immerhin erscheint gesichert, daß die äußerste Schicht des Metallkernes sehr erhebliche Mengen Sauerstoff aufnimmt, die nach Kofstad (27) bei 900 °C und 1 atm O_2 max. der Formel $TiO_{0,35}$ entsprechen sollen. Als Aktivierungsenergie für die parabolische Oxidation gibt Kofstad (8) als Zusammenfassung früherer Werte verschiedenerAutoren etwa 50 - 55 kcal/mol an. Es werden jedoch auch andere Werte angegeben, so z. B. 37,2 kcal/mol (37) und 25 bis 32 kcal/mol (38). Ein Einfluß der α- β-Umwandlung konnte nicht beachtet werden. Dies erscheint verständlich, da das Titan sehr viel Sauerstoff aufnimmt und dadurch zumindest in den äußeren Bereichen des Metallkernes die α-Phase stabilisiert wird.

Nach der parabolischen Oxidation beobachtet man, daß die Schutzwirkung des gebildeten Zunders verloren geht, und es tritt lineare Oxidation auf. Sie wird von einer erhöhten Zunderbildungsgeschwindigkeit begleitet, wobei das Oxid eine lamellare Struktur hat (36). Der Grund für diesen Wechsel im Oxidationsverhalten wurde oft diskutiert. Eine Möglichkeit ist, daß der Zunder bricht, da die Spannungen in ihm mit steigender Schichtdicke zunehmen, oder auch, daß das durch Sauerstoffaufnahme versprödete Metall schichtweise abplatzt und dann rasch zu TiO_2 oxidiert (27, 36). Stringer (26) ermittelte eine kritische Gewichtszunahme, nach deren Erreichen die Oxidation linear werden soll. Während der linearen Oxidation wandert die Grenzfläche Metall/Oxid nach innen. Es soll sich auch ein konstanter Sauerstoffgradient im Metall aufbauen (8, 27, 36). Der Zeitpunkt des Wechsels von parabolischer zu linearer Oxidation liegt nach Stringer (26) bei etwa einer Stunde und ist zwischen 850 und 1000 ^{o}C temperaturabhängig. Jenkins (23) fand, daß dieser Wechsel nach 10 bzw. 1,3 Stunden bei 800 bzw. 950 ^{o}C stattfindet, laut Kofstad et al. (27) findet der Übergang bei 800 ^{o}C nach 500 min statt, bei 1000 ^{o}C nach 20 min. Als Aktivierungsenergien werden angegeben 48,5 kcal/mol (37), 49 kcal/mol (27), 30,5 kcal/mol (22). Ein Einfluß des Sauerstoffdruckes zwischen 40 und 700 Torr bei 850 ^{o}C konnte nicht festgestellt werden (23).

2.4 Einfluß von Legierungselementen auf die Oxidation

In der Technik werden zu Konstruktionszwecken nur selten reine Metalle verwendet, so daß die Oxidation von Legierungen und besonders Methoden zur Verbesserung der Oxidationsbeständigkeit von großer praktischer Bedeutung sind. Leider ist das theoretische Verständnis der Oxidation von Legierungen alles andere als vollständig. Immerhin sind einige theoretische Aussagen möglich über Methoden, die zu einer höheren Oxidationsbeständigkeit führen können. Aus Mangel an genauen Kenntnissen über thermodynamische Daten, Phasendiagramme und Struktur vor allem der Oxide, Diffusionsdaten usw. sind jedoch, außer in einigen Grenzfällen, nur qualitative Aussagen möglich. Im folgenden soll auf einige Möglichkeiten zur Beeinflussung der Oxidation von Legierungen eingegangen werden, und zwar mit spezieller Berücksichtigung von Titanbasislegierungen. Unter der Voraussetzung, daß die Oxidation des reinen Metalls nach dem Wagnerschen Mechanismus der Gitterdiffusion erfolgt, gilt für Oxide mit Kationenüberschuß, d.h. n-Typ Halbleiter, wie etwa Rutil, daß Legieren mit einem gegenüber dem Basismetall höherwertigen Kation die Diffusionsgeschwindigkeit im Oxid verringert und damit auch die Langzeitoxidationsgeschwindigkeit. Im Gegensatz dazu führt das Zulegieren eines niedrigerwertigen Kations zu einer Erhöhung der Oxidationsgeschwindigkeit. Dies gilt nur, wenn sich das Oxid des Legierungsmetalls im Basisoxid löst, und wenn Diffusions- und Oxidationsgeschwindigkeit der beiden Legierungskomponenten etwa gleich sind. Für Titan kommen als Legierungsmetalle diesen Vorstellungen entsprechend im Hinblick auf eine Verbesserung der Oxidationsbeständigkeit vor allem Nb, Ta, W, Mo, eventuell auch V, Cr und Mn in Betracht. Es muß allerdings gewährleistet sein, daß die Oxide auch in der gewünschten höchsten Oxidationsstufe vorliegen, was aber vor allem bei Cr und Mn zweifelhaft erscheint.

Falls Basis- und Legierungsmetall sehr unterschiedliche Sauerstoffaffinitäten aufweisen, sind zwei Grenzfälle denkbar:

1. Das Legierungsmetall ist ein Edelmetall, das überhaupt kein Oxid bildet. Es kann sich an der Phasengrenze Metall/Zunder oder im Oxid anreichern und kann unter Umständen eine separate dünne Subschicht an der Phasengrenze Metall/Zunder bilden. Die Wirkung auf das Oxidationsverhalten ist in den meisten Fällen gering, es kann allenfalls zu einem rein mechanischen Verstopfen der Poren und Leerstellen kommen, wodurch die Diffusion im Oxid bis zu einem gewissen Grad gehemmt werden kann. Allerdings ist zu beachten, daß die Edelmetalle, vor allem der Platingruppe, auch einen katalytischen Effekt auf die Sauerstofflöslichkeit und -diffusion haben können, wodurch die Oxidationsgeschwindigkeit erhöht werden kann.
2. Das Legierungsmetall ist viel unedler als das Basismetall. Es kann dann bei ausreichenden Diffusionsgeschwindigkeiten zu selektiver oder zumindest bevorzugter Oxidation kommen, d. h. nur (oder vorwiegend) das Legierungsmetall wird oxidiert. Die kann, wenn das Oxid des unedleren Metalls eine diffusionshemmende, schützende Schicht zu bilden vermag, eine erhebliche Verbesserung der Oxidationsbeständigkeit zur Folge haben. In solchen Fällen aber, vor allem wenn das Legierungsmetall sich auf den Korngrenzen ausscheidet, kann innere Oxidation auftreten, auch dieser Effekt kann zu einer größeren Zunderbeständigkeit führen: die bevorzugte Oxidation auf den Korngrenzen der Legierung führt zu einer "Verkrallung" des Zunders auf dem Metall. Dadurch neigt die schützende Zunderschicht weniger zum Abplatzen und Ablösen. Diese mit innerer Oxidation verbundenen Erscheinungen sind vor allem zu erwarten bei Legierungselementen wie Be, Al, Ca, Mg, Si.

Das Auftreten von Doppeloxiden oder Spinellen beeinflußt die Oxidationsbeständigkeit oft recht günstig, da diese Oxidverbindungen meistens gute mechanische Festigkeit, hohe Kompaktheit und oft wesentlich geringere Diffusionsgeschwindigkeiten als die Einzeloxide zeigen. Dadurch wird in vielen Fällen die Oxidationsbeständigkeit erheblich erhöht. Allerdings besteht manchmal auch die Gefahr der Entstehung niedrig schmelzender Oxide der Oxidgemische; vor allem bei Silikaten kann dies der Fall sein. Allerdings ist über das Auftreten von Doppeloxiden oder Spinellen bei der Oxidation von Titanlegierungen bisher kaum etwas bekannt. Der Schmelzpunkt und der Dampfdruck der entstehenden Oxide oder Verbindungen und evtl. auch der Dampfdruck des Legierungsmetalls müssen auch berücksichtigt werden. Das Auftreten schmelzender Produkte oder das Abdampfen von Oxiden oder Metallen bei Oxidationstemperatur führt fast immer zu einer starken Oxidationsbeschleunigung, ja sogar zu katastrophaler Oxidation. Besonders die Oxide von Mo, V und W zeigen sowohl niedrigen Schmelzpunkt als auch hohe Verdampfungsgeschwindigkeit, wogegen SiO_2 zur Bildung niedrig schmelzender Verbindungen oder Eutektika neigt.

Es soll hier noch einmal ausdrücklich betont werden, daß der Einfluß von Legierungselementen, so wie er hier kurz skizziert wurde, nur für Ideal- oder Grenzfälle gilt. In der Praxis wird man immer ein Überschneiden der unterschiedlichen Einflüsse beobachten je nach Sauerstoffpartialdruck, Oxidationstemperatur usw..

3. Eigene Untersuchungen

3.1 Kennzeichnung der verwendeten unlegierten Titanqualitäten und Titanlegierungen

Titan liegt bei Raumtemperatur in der hexagonal-dichtestgepackten α-Modifikation vor, die sich bei 882 °C in die kubisch-raumzentrierte β-Phase umwandelt. Durch den Zusatz von Legierungselementen kann die Umwandlungstemperatur beeinflußt werden, wobei man α- und β-stabilisierende Legierungselemente unterscheidet; zu den α-Stabilisatoren gehören vor allem O_2, N_2, C und Al, wogegen alle übrigen gebräuchlichen Legierungsmetalle die β-Phase stabilisieren.

Titan hat einen Atomradius von 14,6 µm (43) und kann mit Elementen, deren Atomradius µm nicht mehr als 15 % abweicht, d.h. zwischen 12,4 und 16,8 µm liegt, Substitutionsmischkristalle bilden. Innerhalb dieser Grenzen liegen etwa 40 Elemente (44), so daß sich, zusammen mit der allotropen Umwandlung von Titan, eine Vielzahl von Legierungskombinationen ergibt.

Man kann die Titanlegierungen unter Berücksichtigung des hauptsächlichen Gefügebestandteiles in Legierungsgruppen einteilen.
Man unterscheidet dann:

1.	α-Legierungen	a) nur mit α-stabilisierenden Elementen
		b) mit α-und β-stabilisierenden Elementen
2.	α+ β-Legierungen	a) nur mit β-stabilisierenden Elementen
		b) mit α- und β-stabilisierenden Elementen
3.	β-Legierungen	a) nur mit β-stabilisierenden Elementen
		b) mit α- und β-stabilisierenden Elementen

3.1.1 Chemische Zusammensetzung

Für die vorliegenden Versuche wurden einerseits technische Titanwerkstoffe aus dem Lieferprogramm der Firmen Contimet, Krefeld, und Friedr. Krupp GmbH, Essen, ausgewählt, andererseits zu Vergleichszwecken ein hochreines Titan der Firma Materials Research, Orangeburg, USA. Die chemischen Analysen nach Herstellerangaben sind in Tabelle 1 zusammengefaßt.

Das hochreine Titan hat mindestens 99,97 % Ti, es ist bei 10^{-6} mbar elektronenstrahl-zonengeschmolzen und kalt auf die gewünschte Abmessung bearbeitet. Die Titanbasislegierungen enthalten jeweils zwischen 2 und 4 Legierungselemente. Der α-Stabilisator Al ist in allen Legierungen in Gehalten zwischen 3 und 8 Massen-% vorhanden, außer in der Edelmetallegierung Ti O, 2 Pd. Die übrigen Legierungsmetalle Chrom, Molybdän, Palladium, Silizium, Vanadium, Zinn und Zirkon sind β-Stabilisatoren.
Die Legierungen selbst können folgendermaßen eingeteilt werden:

α-Legierungen:	Ti	0,2Pd			
	Ti	5Al	2Sn		
	Ti	8Al	1Mo	1V	
	Ti	6Al	4Zr	2Mo	2Sn
α+ β-Legierungen:	Ti	6Al	4V		
	Ti	7Al	4Mo		
β-Legierung:	Ti	13V	11Cr	3Al	

3.1.2 Herstellung der Proben

Die Ausgangsmaterialien wurden als Stäbe mit 6,2 bis 30 mm Ø angeliefert. Für die Versuche mußten sie auf 5 mm Ø abgedreht werden. Diese zylindrischen Proben waren für die Dilatometerversuche 30 mm lang, für die Oxidationsversuche 13 bis 15 mm. Sie wurden mit Diamantpaste poliert, um eine gleichmäßige Probenoberfläche zu gewährleisten. Anschließend wurden die Proben in Tetrachlorkohlenstoff entfettet und mit Äthanol gespült.

Die Oxidationsproben wurden dann noch einer Wärmebehandlung unterworfen, um die durch die Erstarrung und Verarbeitung in den Proben erzeugten inneren Spannungen zu beseitigen. Die Wärmebehandlung kann nur im Hochvakuum erfolgen, da Titan bei höheren Temperaturen eine große Löslichkeit für Gase aufweist. Diese ist für Sauerstoff und Stickstoff irreversibel, wogegen Wasserstoff durch Glühen im Vakuum wieder entfernt werden kann (4, 5).

Zur Beseitigung von Eigenspannungen in Reintitan werden Glühtemperaturen zwischen 450° und 650°C, jedoch ohne Angabe der Glühdauer angegeben (4, 5, 45). Für das Spannungsfreiglühen von Titanlegierungen werden je nach Zusammensetzung Temperaturen zwischen 480° und 900°C bei Glühzeiten zwischen 15 und 120 min angegeben (5, 45-48).

In der vorliegenden Arbeit wurden alle Oxidationsproben einem einheitlichen Spannungsfreiglühen von 45 min bei 550°C und einem Restgasdruck von 10^{-5} mbar unterworfen.

3.1.3 Härtebestimmung

Als eine kennzeichnende Werkstoffeigenschaft wurde die Härte der Proben nach dem Glühen bestimmt. Dazu wurden die Proben in Kunstharz eingebettet, geschliffen und poliert. Zur Bestimmung der Härte wurden zwei Verfahren benutzt; die Makro-Härteprüfung nach Vickers und die Mikro-Härteprüfung mit einer Vickerspyramide.

Die Vickershärte hat verschiedene Vorteile: sie ist unabhängig vom Belastungsfall, sie kann bis etwa 3000 N/mm^2 mit der Brinellhärte direkt verglichen werden, und sie weist eine durchgehende Härteskala von weichen bis zu sehr harten Werkstoffen auf. Die von der Belastung abhängige Mikrohärte wurde zusätzlich gemessen, um Vergleiche mit dem modernen Schrifttum, in welchem sie häufig aufgeführt wird, zu ermöglichen.

Die Vickershärte wurde mit einem Briviskop der Firma Georg Reischerter, Esslingen, bei 20 kp (204 N) Belastung gemessen, die Mikrohärte bei 100 p (1,02 N) Belastung mit einem Mikrohärteprüfer der Firma Leitz, Wetzlar. Die Belastungsdauer betrug in jedem Fall 20 Sekunden. Die Meßergebnisse sind in Tabelle 2 zusammen mit Festigkeitswerten nach Herstellerangaben aufgeführt. Die Mikrohärtewerte liegen im allgemeinen etwas über den Vickershärtewerten. Die gemessenen Vickershärtewerte zeigen gute Übereinstimmung mit den Angaben der Hersteller (1, 2), wobei die Abweichungen maximal 5 bis 8 % betragen. Dies kann unter anderem auf unterschiedliche Probenvorbehandlung zurückgeführt werden.

3.1.4 Dilatometrische Untersuchungen zwischen 100 und 900°C

Die im Schrifttum angegebenen Werte für den linearen Wärmeausdehnungskoeffizienten schwanken ziemlich stark; sie scheinen bei Titan vor allem vom Gehalt an Verunreinigungen, insbesondere an Sauerstoff und Stickstoff abzuhängen. Im Titan-Gmelin (4) finden sich für den mittleren linearen Ausdehnungskoeffizienten die Werte $9,9 \cdot 10^{-6}$ K^{-1} zwischen 30 und 800°C, $10,5 \cdot 10^{-6}$ K^{-1} zwischen 20 und 700°C, $9,79 \cdot 10^{-6}$ K^{-1} zwischen 0 und 850°C und zwar für drei verschiedene Reintitansorten, deren Verunreinigungen nicht genau angegeben werden. Wasilewski (49) findet zwischen 25 und 125°C $8,58 \cdot 10^{-6}$ K^{-1} und zwischen 525 und 625°C $9,50 \cdot 10^{-6}$ K^{-1} bei einem Titan mit 650 ppm O_2 und 80 ppm N_2. Im Landolt-Börnstein (50) finden sich folgende Werte: für Titan bei 25°C $8,35 \cdot 10^{-6}$ K^{-1}, bei 800°C $11,0 \cdot 10^{-6}$ K^{-1}. Für einige Titanlegierungen wird angegeben; Ti 5Al 2,5Sn: $9,3 \cdot 10^{-6}$ K^{-1} (20-95°C), Ti 6Al 4V:

$8{,}6 \cdot 10^{-6}\ K^{-1}$ (20-95°C) Ti 7Al 4Mo: $8{,}8 \cdot 10^{-6}\ K^{-1}$ (20-95°C) und Ti 13V 11Cr 3Al: $8{,}8 \cdot 10^{-6}\ K^{-1}$ (20-425°C). Yaggee et al. (51) geben für die lineare thermische Ausdehnung von Titan mit 917 ppm interstitieller Verunreinigung die Formel $L/L_o = 1 + 8{,}53 \cdot 10^{-6}\ T + 2{,}08 \cdot 10^{-9}\ T^2$ (0-850°C) an, bzw. $\alpha_m = 8{,}53 \cdot 10^{-6} + 2{,}08 \cdot 10^{-9}\ T$ (T = Temperatur in °C). Der für die Beurteilung der Oxidationsversuche wichtige mittlere lineare Wärmeausdehnungskoeffizient von Rutil beträgt zwischen 25 und 1000°C $9{,}15 \cdot 10^{-6}\ K^{-1}$ (52).

Die eigenen Untersuchungen wurden in einem Vakuum-Hochtemperatur-Dilatometer, Typ 402 E, der Firma Gebr. Netzsch Gerätebau, Selb, durchgeführt. Die Versuchsergebnisse sind in Tabelle 3 zusammengefaßt.

Die mittleren linearen Ausdehnungskoeffizienten liegen alle etwa in der gleichen Größenordnung, nur bei Ti 6Al 4V ist er etwas niedriger. Die Aufheiz- und Abkühlkurven zeigten keine Haltepunkte, die Umwandlungstemperatur muß somit bei allen Legierungen über 900°C liegen, was auch mit Schrifttumsangaben (58) übereinstimmt. Da im Schrifttum kaum Angaben über die Ausdehnungskoeffizienten von Titanlegierungen bei höheren Temperaturen vorliegen, kann ein Vergleich nur mit den Werten von Reintitan gezogen werden. Es zeigt sich, daß die hier gemessenen Werte im allgemeinen etwas höher liegen, als die im Schrifttum angegebenen. Allerdings zeigt ein Vergleich, daß die Werte im neueren Schrifttum (50, 51) allgemein etwas höher liegen als im älteren (4, 49).

3. 2 Oxidationsversuche

3. 2. 1 Versuchsapparatur

Die Versuche zur Hochtemperaturkorrosion wurden in einer Thermowaage, Typ 409, der Firma Gebr. Netzsch, Selb, durchgeführt. Die Gewichtsänderungen der Probe konnten dabei mit einer Genauigkeit von ± 0,3 mg gemessen werden. Abb. 2 zeigt den schematischen Aufbau der Thermowaage. Eine genaue Beschreibung findet sich in einer früheren Arbeit (31).

3. 2. 2 Versuchsdurchführung

Die Versuche wurden in Luft, reinem Sauerstoff und reinem Stickstoff bei Atmosphärdruck durchgeführt; die Strömungsgeschwindigkeit des Reaktionsgases betrug 150 ml/min im Eintrag. Die Aufheizdauer bis etwa 1000°C betrug, entsprechend einer Aufheizgeschwindigkeit von 50 K/min, etwa 20 min. Die mit einem Pt-Pt 10Rh-Thermoelement gemessene Arbeitstemperatur konnte auf ± 5K genau eingehalten werden.

Bei der graphischen Darstellung der Oxidationskurven wurde die Gewichtszunahme in der ersten Stunde der Versuche nicht exakt aufgenommen, da die Gewichtsänderungen im Bereich der Anlaufvorgänge mit der vorliegenden Versuchsapparatur nicht genau zu erfassen sind und auch für die Langzeitoxidation eine untergeordnete Rolle spielen. Bei der Berechnung der Zunderkonstanten wurden die Gesamtgewichtsänderungen der Versuchsprobe über den Gesamtversuchszeitraum, einschließlich der Anlaufvorgänge, berücksichtigt.

Da die vorliegenden Versuchsergebnisse annähernd die Gültigkeit eines parabolischen Zeitgesetzes bestätigen, wurden die durch Thermowaagenversuche ermittelten Daten nach dem Tammann-Wagner'schen bzw. Pilling-Bedworth'schen Zundergesetzt ausgewertet und entsprechend der Formel

$$\left(\frac{\Delta m}{F}\right)^2 = K' \cdot t$$

wurden $(\Delta m/F)^2$ gegen t graphisch aufgetragen. Dabei ist Δm die Gewichtsänderung der Probe in mg, F die Oberfläche der Probe zu Versuchsbeginn in cm^2, K' die parabolische Zunderkonstante in $mg^2/cm^4 \cdot h$ und t die Versuchszeit in h. Die Temperaturabhängigkeit der Zunderkonstanten ist durch eine Arrhenius-Beziehung der Form

$$K = A \cdot \exp(-E/RT)$$

gegeben. Dabei ist A eine Konstante, E die Aktivierungsenergie der Oxidation (in cal/mol), R die allgemeine Gaskonstante (1,98 cal/mol · K) und T die absolute Temperatur (in K). Aus der graphischen Darstellung von log K gegen 1/T werden die Zunderkonstanten für genau 800, 900 und 1000°C graphisch ermittelt. Die Aktivierungsenergien wurden aus den Versuchsergebnissen berechnet.

3.3 Ergebnisse der Verzunderungsversuche

Die Versuchsergebnisse sind in den Tabellen 4 und 6 zusammengefaßt. Die Tabellen 5 und 7 enthalten die Werte, die aus der halblogarithmischen graphischen Darstellung von log K gegen 1/T der Versuchsergebnisse ermittelt wurden, d.h. die für genau 800, 900 und 1000°C ermittelten Zunderkonstanten K_{20} und die Aktivierungsenergien E der Verzunderung im Temperaturbereich von 800 und 900°C sowie zwischen 900 und 1000°C. Abbildung 6 zeigt diese graphische Auftragung am Beispiel des Reinsttitans. Die graphischen Darstellungen des Versuchsablaufs, K aufgetragen gegen t, sind ebenfalls nur in einigen typischen Beispielen abgebildet (Abb. 3 bis 5).

Es sei darauf hingewiesen, daß die Genauigkeit der berechneten Zunderkonstanten nach W. Krajewski (31) maximal $\pm$ 2 % beträgt, und zwar bei hohen Gewichtszunahmen (K > 100 mg^2/cm^4 h). Bei kleinen Gewichtszunahmen, d. h. niedriger Temperatur, kann der Fehler bis zu 100 % betragen. Dabei ist der Fehler, der durch die Veränderung der ursprünglichen Oberfläche während der Verzunderung entsteht, noch nicht berücksichtigt. Unter diesen Umständen kann der Fehler bei den angegebenen Aktivierungsenergien zu etwa 10 %, mindestens aber mit $\pm$ 5 kcal/mol abgeschätzt werden.

Alle in dieser Arbeit verwendeten Konzentrationsangaben erfolgten, wenn nicht anders angegeben, in Massen-Prozent.

3. 3. 1 Die Verzunderung von Reinsttitan

Die Verzunderung von Reinsttitan wurde hauptsächlich deswegen untersucht, um einen grundlegenden und bewertenden Vergleich mit den verschiedenen Titanbasislegierungen zu ermöglichen.

Die Verzunderung folgt in allen Fällen überwiegend einem parabolischen Zeitgesetzt (Abb. 4 und 5), was mit dem Schrifttum (8, 29, 55) übereinstimmt; in einigen Fällen treten zu Beginn der Verzunderung (bis zu etwa 5 h) Abweichungen auf, die auf ein lineares Zeitgesetzt hinweisen. Zu beachten ist der veränderte Maßstab (100fach) in Abbildung 3 für die Oxidation bei 808°C. Die bei längeren Zeiten und höherer Temperatur zeitweise auftretenden Abweichungen vom parabolischen Zeitgesetz können nach Jenkins (23) dadurch erklärt werden, daß sich in der zu Beginn kompakten Zunderschicht Risse bilden, wodurch die darunter liegende Metallschicht der Gasatmosphäre direkt ausgesetzt wird. Dadurch wird die Oxidation stellenweise beschleunigt. Nach Ausheilen der Risse wird dann wieder das vorherige Oxidationsverhalten beobachtet.

In Abb. 6 fällt vor allem der Unterschied im Oxidationsverhalten in Luft und in Sauerstoff auf. Die Zunderkonstante ist bei 800°C in Luft erheblich kleiner als in Sauerstoff; bei 1000°C ist es gerade umgekehrt. Außerdem scheint in Luft bei etwa 900°C ein Wechsel im Oxidationsmechanismus aufzutreten, da die Aktivierungsenergie von 121, 8 kcal/mol zwischen 800 und 900°C auf 47, 1 kcal/mol zwischen 800 und 1000°C fällt. Diese Erscheinung tritt bei der Oxidation in Sauerstoff nicht auf: die Aktivierungsenergien zwischen 800 und 900°C und zwischen 900 und 1000°C mit 39, 7 kcal/mol sind praktisch gleich. Es lag daher nahe, einen Einfluß des in der Luft enthaltenen Stickstoffs zu vermuten. Zur Überprüfung dieser Vermutung wurden entsprechende Versuche auch in reinem Stickstoff (Abb. 5) gemacht.

Dabei trat ähnlich der Oxidation in Luft, ein erheblicher Abfall der Aktivierungsenergie von 81,2 kcal/mol zwischen 800 und 900°C bis zu 40,5 kcal/mol zwischen 900 und 1000°C auf (Abb. 6). Der Unterschied ist zwar geringer als in Luft, aber dennoch sehr ausgeprägt. Die Zunderbeständigkeit ist bei 800°C in Stickstoff und in Luft etwa gleich gut, bei höheren Temperaturen allerdings ist sie in Stickstoff erheblich besser.

Dieses Verhalten von Reinsttitan in Stickstoff und in Luft ist bisher im Schrifttum nicht beschrieben worden, so daß keine Vergleiche mit anderen Arbeiten möglich sind. Die hohe Aktivierungsenergie der Verzunderung von Reinsttitan in Stickstoff zwischen 800 und 900°C könnte vielleicht mit der gehemmten Diffusion von Stickstoff im Titannitrid zusammenhängen. Die Schrifttumsangaben über die Aktivierungsenergie der Diffusion von Stickstoff in Titan und Titannitrid sind spärlich und widersprechend (Tab. 8). Immerhin scheint die Aktivierungsenergie der Diffusion von Stickstoff in TiN recht hoch zu liegen; die Angaben schwanken zwischen 50 und 90 kcal/mol. Da der Beständigkeitsbereich des TiN von $TiN_{0,42}$ bis TiN (5,63) reicht, dürften diese Wertangaben auch von der Stickstoffkonzentration abhängen (59). Bei höheren Temperaturen könnte dann die Schutzwirkung der Nitridschicht verloren gehen, wodurch ein anderer Prozeßteilschritt, möglicherweise die Diffusion ins Metall selbst, geschwindigkeitsbestimmend wird.

Bei der Oxidation von Titan in Luft liegen die Verhältnisse noch komplizierter. Thermodynamisch gesehen sind nämlich alle Titanoxide wesentlich beständiger als TiN, so daß kein TiN neben Titanoxiden auftreten sollte. Auch soll die Reaktionsgeschwindigkeit von Titan mit Stickstoff erheblich kleiner sein als mit Sauerstoff (39,58). Nun hat aber TiN, wie TiO und TiC, ein Gitter vom NaCl-Typ und bildet mit TiO (und TiC) eine lückenlose Mischkristallreihe (5). Aufgrund der dadurch veränderten Aktivitätsverhältnisse kann das Vorhandensein von Titannitrid im Zunder doch nicht mit Bestimmtheit ausgeschlossen werden. Wenn man davon ausgeht, daß der Zunder aus Rutil besteht, so läßt sich die erhöhte Oxidationsgeschwindigkeit in Luft (gegenüber Sauerstoff) vielleicht durch den Einbau von Stickstoff in den Rutil erklären. Nach dem Wagnerschen Mechanismus führt nämlich der Einbau von N^{3-} im Sauerstoffteilgitter des Rutils zu einer Zunahme der Sauerstoffleerstellen und damit zu einer erhöhten Diffusionsgeschwindigkeit des Sauerstoffs im Rutil. Dies gilt allerdings nur für den Temperaturbereich von 900 bis 1000°C.

Da mit dem zur Verfügung stehenden Elektronenstrahlmikroanalysator (Mikrosonde) Stickstoff und Sauerstoff nicht bestimmt werden können, war es unmöglich, die Zunderschichten an den korrodierten Proben in dieser Hinsicht zu untersuchen.

Zusammenfassend kann anhand der Versuchsergebnisse festgestellt werden, daß bei der Verzunderung von Reinsttitan in Stickstoff bei etwa 800°C eine Änderung des Verzunderungsmechanismusses auftreten muß, wodurch die Aktivierungsenergie der Verzunderung auf die Hälfte absinkt. Außerdem kann durch Vergleich der Verzunderung in Stickstoff und in Luft gefolgert werden, daß bei der Verzunderung in Luft der in der Luft vorhandene Stickstoff einen erheblichen Einfluß auf das Hochtemperaturkorrosionsverhalten von Reinsttitan nimmt. Die bis jetzt vorliegenden Untersuchungsergebnisse erlauben keine genauere Aussage über den Mechanismus dieser Einflußnahme. Auch das Hochtemperaturkorrosionsverhalten von Reinsttitan in Stickstoff bedarf weiterer Untersuchungen zur Erklärung der Änderung des Verzunderungsverhaltens.

3.3.2. Technisch genutzte Titanlegierungen

3.3.2.1 Ti - 0,2 Pd

Gebildetes Palladiumoxid zerfällt an Luft oberhalb von 750°C, in reinem Sauerstoff oberhalb von 870°C (4), außerdem wird es von dem wesentlich unedleren Titan zu Metall reduziert. Die untersuchte Legierung lag bei Raumtemperatur einphasig in der hexagonalen α-Modifikation vor. Palladium ist ein β-Stabilisator, wenn auch nur in geringem Maße. Literaturangaben über das Hochtemperaturkorrosionsverhalten dieser Legierung lagen nicht vor.

Die eigenen Untersuchungen ergeben ein parabolisches Zeitgesetz für die Oxidation in Sauerstoff und in Luft. Bei der Oxidation in Luft ist zu Beginn ein eher lineares Zeitgesetz zu beobachten, das aber später (ab etwa 8 h) in ein parabolisches übergeht, wie dies auch bei Reinsttitan beobachtet worden ist. Die Aktivierungsenergie der Verzunderung in Luft fällt wie bei Reinsttitan bei etwa 900°C von 134 kcal/mol auf 25 kcal/mol ab. In Sauerstoff dagegen liegt die Aktivierungsenergie zwischen 800 und 1000°C nahezu konstant bei etwa 30 kcal/mol. Die Zunderbeständigkeit in Luft kann etwa mit der des Reinsttitans verglichen werden, in Sauerstoff ist sie schlechter als die des Reinsttitans.

Das Zunderverhalten von Ti 0,2 Pd gleicht stark dem Verhalten von Reinsttitan. Die Zunderbeständigkeit ist eher schlechter, die Aktivierungsenergien in Luft zwischen 900 und 1000°C und in Sauerstoff zwischen 800 und 1000°C sind deutlich niedriger als bei Reinsttitan. Das Palladium dürfte somit eine gewisse oxidationskatalytische Wirkung haben, wie dies auch bei anderen Legierungen beobachtet wurde (31,53).

3.3.2.2 Ti 5Al 2Sn

Aluminium hat eine hohe Sauerstoffaffinität und bildet bei einer Oxidation eine zwar dünne, aber dichte, stark diffusionshemmende und vor weiterer Oxidation schützende Al_2O_3-Schicht aus. Die Oxidation von Aluminium folgt einem parabolischen Zeitgesetz (54). Aluminium ist in α-Titan zu etwa 8 % löslich, darüber hinaus tritt eine δ-bzw. ε -Phase (Ti_3Al ?) auf, deren Existenz und Zusammensetzung allerdings nicht ganz gesichert sind. Die $\alpha \rightleftarrows \beta$-Umwandlungstemperatur wird durch Aluminium erheblich erhöht (63).

Zinn bildet oberhalb 475°C SnO_2, das wie TiO_2 ein n-Typ Halbleiter mit Sauerstoffunterschuß bzw. Metallüberschuß ist (55). Die Oxidation von Zinn folgt einem parabolischen Zeitgesetz (56). Nach anderen Angaben ist das Zeitgesetz der Zinnoxidation nicht festzulegen (55). In α-Titan sind etwa 20, in β-Titan maximal etwa 3o % Sn löslich. Die $\alpha \rightleftarrows \beta$-Umwandlungstemperatur wird durch Zinn bis zu einem Minimum bei etwa 13 % und 840°C erniedrigt, über diese Werte hinaus steigt sie wieder an (63).

Jenkins (23) untersuchte den Einfluß von Aluminium und den von Zinn auf das Oxidationsverhalten von Titan in reinem Sauerstoff. Die Legierung mit 3 % Al zeigt bei längeren Versuchszeiten zwischen 750 und 900°C eine größere Oxidationsbeständigkeit als Titan. Die Oxidationsgeschwindigkeit ist zu Beginn der Oxidation bei 750°C groß, wird aber nach etwa zwei Stunden sehr klein. Es wird vermutet, daß das Aluminium bevorzugt oxidiert wird und eine Schutzschicht bildet. Dafür spricht auch die Feststellung, daß der Aluminiumgehalt des Zunders erheblich höher ist, als der Legierungszusammensetzung entspricht. Die Legierung mit 11,4 % Sn zeigte bei 750°C eine geringe Verschlechterung des Oxidationswiderstandes gegenüber reinem Titan, bei 850 und 900°C jedoch fast katastrophale Oxidation. Dabei wird nach etwa 2 Stunden ein abrupter Wechsel der Oxidationsgeschwindigkeit festgestellt, was auf einen nicht näher erläuterten Wechsel im Oxidationsmechanismus zurückzuführen ist. Bemerkenswert erscheint auch, daß Zinn die Sauerstoffaufnahme der Legierung beinahe vollständig unterbindet, so daß 99 bis 100 % des verbrauchten Sauerstoffs im Zunder vorliegen, und daß die Diffusionsgeschwindigkeit von Sauerstoff stark erhöht wird.

Menzies und Strafford (11) untersuchten verschiedene Titanlegierungen mit jeweils 5 % Legierungselement bei 1000°C in CO_2. Sie schließen aus ihren Ergebnissen, daß der insgesamt geschwindigkeitsbestimmende Schritt nicht die Sauerstoffdiffusion im Zunder, sondern die Sauerstoffdiffusion in der Legierung ist. Das Zeitgesetz der Oxidation scheint annähernd parabolisch zu sein, doch treten Abweichungen auf. Außerdem soll Aluminium, im Gegensatz zu Zinn, die Sauerstoffaufnahme der Legierung vergrößern, wie dies auch Jenkins (23) festgestellt hat.

Ignatov et al. (42) untersuchten die Legierungssysteme Ti-Al, Ti-Sn, Ti-Al-Sn, Ti-Al-Zr und Ti-Al-Sn-Zr bei 800 und 1000°C in Luft. Sie fanden, daß bei 800°C alle Legierungen eine bessere Oxidationsbeständigkeit zeigten als Jodid-Titan. Bei 1000°C waren die binären Ti-Al-Legierungen und Ti 10Al 5Sn besser als Jodid-Titan, wogegen die übrigen Sn-Legierungen und die Zr-haltigen Legierungen schlechter waren. Sie finden, daß bei Aluminiumkonzentration $\geqq$ 10 % die Sauerstoffdiffusion in der Legierung stark vermindert wird. Dies wird mit dem Auftreten einer Ti_3Al-Phase begründet.

Rüdinger und Wiegand (7) untersuchten unter anderem auch die technische Legierung Ti 5Al 2, 5 Sn. Diese Legierung zeigt bei 700°C in Luft die besten Ergebnisse von allen untersuchten Legierungen.Die Aktivierungsenergie für die Zunderbildung zwischen 600 und 700°C wurde zu 40 kcal/mol ermittelt. Die Sauerstoffaufnahme der Legierung ist erheblich geringer als bei unlegiertem Titan. Bei der Untersuchung der bei 1000°C entstandenen Zunderschichten wurde festgestellt, daß sich das Aluminium an der Grenzfläche Gas/Zunder anreichert, das Zinn an der Grenzfläche Zunder/ Metall.

Nach den eigenen Versuchsergebnissen folgt die Oxidation von Ti 5Al 2Sn bei Temperaturen zwischen 800 und 1000°C sowohl in Luft als auch in Sauerstoff einem parabolischen Zeitgesetz. Zwischen dem Oxidationsverhalten in Luft und dem in Sauerstoff konnte kein signifikanter Unterschied gefunden werden. Die Abweichungen liegen innerhalb der Fehlergrenzen. Im Vergleich zu Reinsttitan fällt sofort auf, daß auch in Luft keine Änderung der Aktivierungsenergie bei etwa 800°C auftritt. Daraus kann geschlossen werden, daß bei Ti 5Al 2 Sn der Stickstoff in der Luft höchstens eine sehr untergeordnete Rolle spielen kann. Die Aktivierungsenergien liegen mit rund 55 kcal/mol deutlich über denen für die Oxidation von Reinsttitan in Sauerstoff (etwa 37 kcal/mol), welche man hier wohl zum Vergleich heranziehen muß. Die Zunderkonstante dagegen liegt im untersuchten Temperaturbereich erheblich tiefer.

Die Mikroskop- und Mikrosondenaufnahmen (Abb. 7) eines Oxidationsversuches bei 1020°C in Sauerstoff lassen einen zweiteiligen Aufbau der Zunderschicht erkennen. Die äußere Zone ist kompakt, wogegen die innere lamellar aufgebaut und porös ist. Das Zinn bildet an der Phasengrenze Zunder/Metall eine dünne, kompakte Schicht, deren Zusammensetzung nicht genau bestimmt werden konnte. Der restliche Zunder ist fast frei von Zinn. Das Aluminium liegt in der inneren, porösen Schicht, wie auch das Titan, lamellar vor. Diese Lamellen bilden keine geschlossenen Schichten. Die äußere kompakte Schicht besteht überwiegend aus TiO_2, in welchem in den äußersten Bereichen Al-haltige Inseln liegen, die aber keine zusammenhängende Schicht bilden.

Diese Ergebnisse stimmen qualitativ mit jenen im Schrifttum überein (7,11,23,42). Die Erhöhung der Aktivierungsenergie gegenüber

Reinsttitan könnte auf eine Behinderung der Diffusion von Sauerstoff ins Metall zurückgeführt werden, die wohl vor allem durch das Zinn bedingt sein dürfte (7,23). Die erhöhte Zunderbeständigkeit könnte dagegen eher durch das Aluminium bedingt sein, das möglicherweise bevorzugt oxidiert wird (11,13). Allerdings ist in Abb. 7 eine kompakte Al_2O_3-haltige Schutzschicht nicht nachzuweisen, jedoch ist das Aluminium in den äußersten Bereichen konzentriert. Es kann also nicht ausgeschlossen werden, daß sich zu Beginn der Oxidation eine kompakte Al_2O_3-Schicht gebildet hat, die später, z. B. aus Mangel an Al^{3+}-Nachdiffusion aufgebrochen ist. Auch die lamellare Struktur der inneren Schicht könnte durch bevorzugte Oxidation von Aluminium mit periodischer Verarmung an Aluminium in der darunterliegenden Metallschicht erklärt werden. Einen sehr ähnlichen Aufbau der Zunderschicht bei einer Ti-5Al-Legierung fanden auch Menzies und Straffort (11). Weiterreichende Aussagen scheitern vor allem am Mangel an Daten über die Diffusion der verschiedenen Ionenarten in den auftretenden Oxidphasen.

3.3.2.3 Ti 6Al 4V

Vanadium bildet zahlreiche Oxide, von welchen V_2O_5 das wichtigste ist. Es bildet bei der Oxidation von Vanadium bis etwa 650°C gut schützende Überzüge. Oberhalb dieser Temperatur tritt dann katastrophale Oxidation auf, da das Oxid schmilzt (bei 675°C). Außerdem wird bei etwa 800°C der Dampfdruck des Oxids so hoch, daß eine merkliche Verdampfung erfolgt (57). Vanadium ist mit β-Titan in jedem Verhältnis mischbar, in α-Titan allerdings kaum löslich. Die α / β-Umwandlungstemperatur wird stark gesenkt (5,63).

Rüdinger und Weigand (7) fanden bei ihren Untersuchungen für diese Legierung eine Aktivierungsenergie von 38 kcal/mol für die Zunderbildung in Luft zwischen 600 und 700°C. Die Zunderbeständigkeit bei 700°C entsprach etwa der von unlegiertem Titan. Die Sauerstoffaufnahme des Metallkernes ist bei dieser Legierung zwar geringer als die von unlegiertem Titan, aber doch erheblich höher als bei Ti 5Al 2Sn.

Die eigenen Versuche ergeben, daß bei der Oxidation von Ti 6Al 4V das parabolische Zeitgesetz gut befolgt wird. Auch bei dieser Legierung ist die Aktivierungsenergie im betrachteten Temperaturbereich konstant, in Sauerstoff aber erheblich höher (etwa 55 kcal/mol) als in Luft (etwa 40 kcal/mol). Die Zunderkonstanten liegen recht hoch; bei 800 und 900°C sind sie in Luft größer, bei 1000°C in Sauerstoff.

Die Auflichtmikroskop- und Mikrosondenaufnahmen (Abb. 8 rechts) einer oxidierten Probe zeigen eine vom Metallkern abgelöste poröse Zunderschicht, die lamellar aufgebaut ist. Besonders das Aluminium tritt im Zunder schichtweise auf; es scheint auch an der Oberfläche der Legierung etwas angereichert zu sein. Vanadium ist im Zunder kaum vorhanden, und die Legierung ist an der Oberfläche an Vanadium verarmt. Röntgenographisch konnte im Zunder nur Rutil nachgewiesen werden.

Die Legierung ist in ihrem Oxidationsverhalten dem Ti 5Al 2Sn recht ähnlich, besonders bei der Oxidation in Sauerstoff, wenn auch die Zunderbeständigkeit etwas geringer ist. Es kommt trotz des Vanadiumgehaltes nicht zu katastrophaler Oxidation, obwohl möglicherweise der Hauptteil des Vanadiums als Oxid verdampft ist. Nach Hauffe (40) besteht die Möglichkeit, daß V_2O_5 in geringen Mengen die bei der Hochtemperaturkorrosion von Titan entstehenden, meist porösen Deckschichten "zukittet" und außerdem die Sauerstoffleerstellenkonzentration im Rutil vermindert und damit die Oxidationsgeschwindigkeit herabsetzt.

3.3.2.4 Ti 7Al 4Mo

Molybdän bildet, ähnlich wie Vanadium, eine Vielzahl von Oxiden. Bei der Oxidation von Molybdän entsteht ein Zunder mit zwei Schichten: an der Phasengrenze Zunder/Gas ist MoO_3 beständig, darunter, in Kontakt mit Metall, MoO_2. MoO_3 ist ein n-Leiter mit Sauerstoffunterschuß, es schmilzt bei 795°C und hat bereits bei 600°C einen merklichen Dampfdruck. Die Oxidation von Molybdän folgt oberhalb 500°C einem linearen Zeitgesetz, wobei die Oxidation von MoO_2 zu MoO_3 geschwindigkeitsbestimmend ist (56). Das binäre Zustandsdiagramm Ti-Mo gleicht weitgehend dem von Titan-Vanadium (5, 63).

Auch diese Legierung Ti 7Al 4Mo ist von Rüdinger und Weigand (7) untersucht worden. Sie zeigte, bei 700°C in Luft im Vergleich zu Ti 5Al 2Sn, etwas geringere Zunderbeständigkeit. Die Aktivierungsenergie für die Zunderbildung in Luft zwischen 600 und 700°C wird mit 39,5 kcal/mol angegeben. Die durch Härtemessungen ermittelte Eindringtiefe von Sauerstoff in den Metallkern ist in derselben Größenordnung wie bei Ti 5Al 2Sn, also recht gering. Aus Zunderanalysen geht hervor, daß sich Al_2O_3 an der Phasengrenze Zunder/Gas, MoO_3 sehr stark an der Phasengrenze Zunder/Metall anreichert. Außerdem wurde festgestellt, daß Aluminium bevorzugt oxidiert wird, da im Zunder das Verhältnis Al:Mo erheblich größer war, als in der Legierung.

Stringer et al. (41) fanden, daß das Oxidationsverhalten einer Ti-15Mo-Legierung zwischen 700 und 1000°C bei 1 atm Sauerstoffdruck sehr uneinheitlich ist und von dem des reinen Titans stark abweicht. Es bildet sich neben Rutil noch MoO_3, das größtenteils verdampft. Es wird angenommen, daß die Beweglichkeit von Mo in Rutil hoch ist. Die Resultate lassen sich nicht in einem einheitlichen Geschwindigkeitsgesetz zusammenfassen.

Die eigenen Versuche ergeben für die Oxidation in Luft eindeutig ein parabolisches Zeitgesetz. Die Oxidation in Sauerstoff dagegen zeigt erhebliche Abweichungen von einem parabolischen Zeitgesetz. Die Versuchsergebnisse könnten hierbei auch durch ein lineares Zeitgesetz, allerdings auch hier mit Abweichungen, beschrieben werden. Eine Entscheidung zu Gunsten des einen oder anderen Gesetzes erscheint kaum möglich. Andererseits sind Zunderkonstanten und Aktivierungsenergien in Luft und in Sauerstoff beinahe identisch, so daß man eigentlich auch ein gleiches Zeitgesetz in beiden Korrosionsgasen erwarten sollte. Da diese Legierung die beste Zunderbeständigkeit von allen untersuchten Werkstoffen aufweist, sind auch die Gewichtszunahmen recht klein und damit der prozentuale Fehler der Versuchsergebnisse besonders groß.

Die Mikroskop- und Mikrosondenaufnahmen (Abb. 8 links) zeigen auch für diese oxidierten Proben einen lamellaren Aufbau der Zunderschicht. Das Aluminium scheint hier an der Phasengrenze Zunder/Gas eine dünne, aber kompakte Schicht auszubilden, die möglicherweise für die gute Zunderbeständigkeit verantwortlich ist. Jedoch kann aus der Mikrosondenaufnahme nicht eindeutig festgestellt werden, ob diese Schicht aus reinem Al_2O_3 besteht, oder ob es sich um irgend eine Art von Mischoxid oder Spinell mit TiO_2 handelt. Die Molybdänkonzentration im Zunder ist gering und nimmt nach außen noch ab, so daß an der Phasengrenze Zunder/Gas praktisch kein Molybdän mehr vorhanden ist. Diese Ergebnisse liegen in guter Übereinstimmung mit den Untersuchungen von Rüdinger und Weigand (7).

3.3.2.5 Ti 8Al 1Mo 1V

Die Schrifttumsübersicht zu den hier in Frage kommenden Legierungsmetallen befinden sich in den vorhergehenden Abschnitten. Über die Legierung selbst liegen keine Literaturangaben vor. Die eigenen Versuche zeigen die Gültigkeit des parabolischen Zeitgesetzes. Abweichungen davon treten nur zu Beginn der Oxidation (bis etwa 5 h) in geringem Maße auf. Im Zunderverhalten gleicht Ti 8Al 1Mo 1V stark der Legierung Ti 7Al 4Mo und weist nach dieser die beste Zunderbeständigkeit auf. Etwas auffallend ist, daß die Aktivierungsenergie der Oxidation in Luft mit etwa 37 kcal/mol erheblich niedriger liegt als in Sauerstoff mit etwa 63 kcal/mol. Dieses Verhalten trat bereits bei Ti 6Al 4V auf.

Wie Abb. 9 zeigt, ist auch bei dieser Legierung die Zunderschicht lamellar aufgebaut. Besonders das Aluminium befindet sich in einzelnen, voneinander getrennten Schichten, wobei die äußerste Schicht des Zunders stark an Aluminium angereichert ist, bzw. vielleicht insgesamt aus Al_2O_3 besteht. Der Zusammenhalt zwischen den einzelnen Schichten ist nicht besonders gut, teilweise haben sie sich völlig voneinander gelöst. Der Aufbau des Zunders ist bei etwa 900 und 1000°C gleich, nur der Molybdängehalt ist bei höherer Temperatur geringer. Das Vanadium verhält sich wie das Molybdän, weswegen die entsprechenden Aufnahmen nicht angeführt werden.

3.3.2.6 Ti 6Al 4Zr 2Mo 2Sn

Die Oxidation von Zirkon verläuft ähnlich wie die von Titan. Auch das gebildete ZrO_2 ist wie Rutil ein n-Leiter mit Sauerstoffunterschuß. Das Zeitgesetz der Oxidation ist je nach Oxidationstemperatur parabolisch oder linear. Auch findet bei der Oxidation eine starke Sauerstoffaufnahme ins Metall statt (8). Zirkon bildet mit α- und mit β-Titan jeweils eine lückenlose Mischkristallreihe. Das α und β-Zweiphasengebiet zeigt ein Minimum bei 50 Atom-% Zr und etwa 550°C (5, 63).

Jenkins (23) untersuchte eine binäre Legierung mit 8,6 Massen-% Zirkon zwischen 750 und 900°C in Sauerstoff von 700 mm Hg. Die Oxidationsgeschwindigkeit von reinem Titan wird durch 8,6 Massen-% Zirkon erhöht. Bemerkenswert erscheint weiter, daß durch den Zirkonzusatz die Sauerstoffaufnahme des Metalls nach 8 Stunden verhältnismäßig geringer ist als bei reinem Titan.

Die eigenen Versuche lassen die Gültigkeit des parabolischen Zeitgesetzes erkennen, wenn auch mit einigen anfänglichen Abweichungen. Die Aktivierungsenergien liegen allerdings sehr hoch, außerdem sind sie zwischen 900 und 1000°C beinahe doppelt so groß wie zwischen 800 und 900°C. Die Zunderbeständigkeit, die bei 800 und 900°C noch recht gut ist, muß bei 1000°C als sehr schlecht bezeichnet werden und ist bei dieser Temperatur die weitaus schlechteste von allen untersuchten Legierungen.

Die Mikroskop- und Mikrosondenaufnahmen (Abb. 10) der oxidierten Proben zeigen auch hier einen lamellaren Aufbau der Zunderschicht. Die äußere Schicht bei 917°C ist gebrochen, jedoch kann das Aufreißen auch bei der Abkühlung entstanden sein. Der Aufbau des Zunders ist ähnlich wie bei Ti 6Al 4V; Ti 7Al 4Mo und Ti 8Al 1Mo 1V, jedoch fällt auf, daß die ausgeprägten Al-haltigen Schichten, die bei 817°C zu beobachten sind, bei 1015°C einer gleichmäßigen, wenn auch noch lamelllaren Verteilung des Aluminiums Platz machen. Auch der bei 917°C, wie in Ti 5Al 2Sn, vorliegende Sn-Saum an der Phasengrenze Metall/Zunder, hat sich bei 1015°C fast völlig aufgelöst, und das Zinn liegt dann im gesamten Zunder verteilt vor. Die Elemente Zirkon und Molybdän scheinen sich gleichmäßig auf den Zunder zu verteilen.

Das Zunderverhalten dieser Legierung muß wohl auf den Einfluß der Elemente Zirkon und Molybdän zurückgeführt werden. Der Vergleich mit Ti 5Al 2Sn zeigt, daß durch eines oder beide dieser Elemente bei höheren Temperaturen das Oxidationsverhalten von Aluminium und Zinn in nachteiliger Weise beeinflußt wird. Allerdings kann aus den vorliegenden Versuchsergebnissen kein Rückschluß auf den Mechanismus dieser Beeinflussung gezogen werden.

3.3.2.7 Ti 13V 11Cr 3Al

Auf Chrom bildet sich bei der Oxidation eine schützende Schicht von Cr_2O_3, das ein p-Leiter mit Metallunterschuß ist. Die Deckschichten sind zwar kompakt, neigen aber wegen hoher innerer Druckkräfte zum Abplatzen. Die Oxidation von Chrom folgt einem parabolischen Zeitgesetz (4, 39, 40). Chrom erniedrigt die Temperatur der $\alpha \rightleftharpoons \beta$-Umwandlung von Titan. Es ist in α-Ti nur gering, in β-Ti aber gut löslich und stabilisiert die β-Phase, die bei über 10 % Cr selbst bei Raumtemperatur noch stabil ist (63).

Rüdinger und Weigand (7) fanden, daß diese Legierung bei 700°C in Luft eine nur geringe Zunderbeständigkeit aufweist. Die Aktivierungsenergie der Verzunderung soll bei 36 kcal/mol liegen.

Die eigenen Versuche zeigen, daß diese Legierung im Allgemeinen einem parabolischen Zeitgesetz folgt. Bei höheren Temperaturen treten Abweichungen auf, die durch Aufreißen oder Abplatzen des Zunders erklärt werden können. Die Zunderbeständigkeit ist schlecht, sie ist bei 800 und 900°C die schlechteste der untersuchten Legierungen überhaupt und wird bei 1000°C nur noch von Ti 6Al 4Zr 2Mo 2Sn unterschritten. Die Aktivierungsenergien sind in Luft (etwa 55 kcal/mol) höher als in Sauerstoff (etwa 38 kacl/mol).

Die Mikroskop- und Mikrosondenaufnahmen (Abb. 11) zeigen einen anderen Aufbau der Zunderschicht als die bisher besprochenen Legierungen. Der Zunder besteht aus zwei Schichten, wovon die innere etwas weniger porös zu sein scheint. Das Aluminium findet sich vor allem in der äußeren Schicht, in der es inselartig verteilt ist. Das Vanadium hingegen tritt vorwiegend in der inneren Schicht auf, seine Konzentration nimmt nach außen hin ab. Während das Aluminium im Metallkern gleichmäßig verteilt vorliegt, sammelt sich das Vanadium im Metall an den Korngrenzen, eine Erscheinung, die sich teilweise bis in den Zunder fortsetzt. Zu den Aufnahmen bei 1018°C ist noch zu bemerken, daß wegen der hohen Porosität der äußeren Zunderschicht beim Anschleifen der Proben Teile des Zunders verloren gingen. Von Chrom konnte aus versuchstechnischen Gründen keine Mikrosondenaufnahme gemacht werden.

Durch das Fehlen von Informationen über die Verteilung von Chrom wird die Interpretation des Zunderverhaltens von Ti 13 V 11Cr 3Al erschwert. Im Vergleich mit anderen Legierungen fällt auf, daß hier der Zunder nicht lamellar aufgebaut ist. Auch die Verteilung des Aluminiums im Zunder ist andersartig. Diese Erscheinungen mögen allerdings teilweise auch an der relativ geringen Aluminiumkonzentration liegen. Auch die Verteilung des Vanadiums im Metallkern ist bemerkenswert. Es ist nämlich nicht, wie eigentlich zu erwarten (vgl. 3.3.3.3), gleichmäßig verteilt, sondern hat sich entlang von Korngrenzen angereichert. Diese Struktur setzt sich in der inneren Zunderschicht fort. Diese läßt auf eine geringe Löslichkeit in der Legierung und auf geringe Mobilität des Vanadiums im Zunder sowie auch auf ein Wachstum zumindest der inneren Zunderschicht an der Phasengrenze Metall/Zunder schließen. Zusätzlich tritt wohl innere Oxidation auf. Diese Erscheinungen konnten in den anderen vanadiumhaltigen Legierungen, wohl aufgrund des geringen Vanadiumgehaltes, nicht beobachtet werden. Für die schlechte Zunderbeständigkeit mag auch die Gitterstruktur der Legierung (β -Phase) von Einfluß sein, da die Diffusionsgeschwindigkeiten interstitieller Verunreinigungen in der kfz β-Phase erheblich höher als in der hdp- α -Phase sind (8, 40).

4. Zusammenfassung

Aus den hier vorgelegten Versuchsergebnissen geht hervor, daß die Verzunderung von Reinsttitan in Luft zwischen 800 und 900°C stark von dem in der Luft enthaltenen Stickstoff beeinflußt wird. Der ausgeprägte Unterschied in den Aktivierungsenergien in den zwei Temperaturbereichen ist unseres Wissens im Schrifttum noch nicht beschrieben worden. Es könnte allerdings auch mit der hohen Reinheit des hier verwendeten Titans im Zusammenhang stehen (4, 9). Es bleibt zu untersuchen, ob handelsübliche, unreinere Titanqualitäten diesen Effekt ebenfalls zeigen, und auch, welche Verunreinigungen diesen Effekt unterdrücken. Immerhin wurde aber diese Erscheinung auch bei einer Ti 0,2 Pd-Legierung gefunden, die erheblich größere Mengen interstitieller Verunreinigungen enthielt (Tab. 1). Bei allen übrigen Legierungen hingegen konnte dieses Verhalten nicht beobachtet werden.

Die Verschiedenheit der untersuchten technischen Legierungen erlaubt nur einige wenige Verallgemeinerungen, und systematische Untersuchungen an binären Legierungen wären wünschenswert. Aus den Versuchsergebnissen geht hervor, daß bei den technischen Legierungen keine größeren Unterschiede zwischen dem Zunderverhalten in Luft und in Sauerstoff bestehen. Aluminium als Hauptlegierungselement hat einen günstigen Einfluß auf die Zunderbeständigkeit, Vanadium einen ungünstigen. Die Zunderschichten auf aluminiumhaltigen Legierungen sind lamellar aufgebaut, was auf eine mögliche bevorzugte Oxidation des Aluminiums hinweist. Ganz allgemein sind die Zunderschichten größtenteils porös und schlecht am Metall haftend, auch in den Fällen, wo, wie Ti 13V 11Cr, 3Al, keine lamellare Struktur auftritt.

Tabelle 9 zeigt die untersuchten Werkstoffe, geordnet nach abnehmender Zunderbeständigkeit. Daraus ersieht man, daß Ti 7Al 4Mo zusammen mit Ti 8Al 1Mo 1V die beste Zunderbeständigkeit aufweisen, wogegen Ti 13V 11Cr 3Al und bei 1000°C Ti 6Al 4Zr 2Mo 2Sn am schlechtesten sind. Ein direkter Einfluß der Gitterstruktur der Metallphase kann daraus nicht abgeleitet werden. Zwar ist die β-Legierung Ti 13V 11Cr 3Al die anfälligste Legierung, aber die korrosionsbeständigste Legierung ist Ti 7Al 4Mo mit α und β-Struktur. Auch konnte bei den α- und den α und β -Legierungen kein Einfluß der $\alpha \rightleftharpoons \beta$-Umwandlung beobachtet werden, die allerdings Literaturangaben (58) entsprechend erst bei Temperaturen um oder über 1000°C stattfindet (vgl. 3.1.4).

Die Beurteilung der Zunderfestigkeit nach Bauer, Kröhnke und Masing (53) ist im Falle von Titan etwas schwierig, da verschiedene Oxide auftreten und da der Sauerstoff sich teilweise auch im Metall löst. Zunderfest soll nach (53) ein Werkstoff sein, wenn der Metallverlust nicht mehr als 2 bis 2,5 $g/m^2 \cdot h$ beträgt. Für den Fall der Titanlegierungen sollen folgende vereinfachende Annahmen getroffen werden: der gesamte aufgenommene Sauerstoff wird in Oxid umgewandelt, das einzige auftretende Oxid ist TiO_2. Mit diesen Annahmen sind, nach Umrechnung der Gewichtszunahme in Metallverlust, folgende Legierungen zunderfest: bei 800°C in Luft Reinsttitan, Ti 0,2 Pd, Ti 7Al 4Mo und Ti 6Al 4Zr 2Mo 2Sn, bei 800°C in Sauerstoff Ti 7Al 4Mo, Ti 8Al 1Mo 1V und Ti 6Al 4Zr 2Mo 2Sn sowie bei 800°C in Stickstoff Reinsttitan. Bei höheren Temperaturen ist keine der untersuchten Legierungen mehr als "zunderfest" anzusehen.

Wir sind Herrn Dipl.-Ing. J. Schäfer für die Durchführung einiger Dilatometer- und Oxidationsversuche zu Dank verpflichtet.

Schrifttumsverzeichnis

(1) "Eigenschaften von Titan und Titanlegierungen"
Druckschrift C 14 - Ausgabe Mai 1970
Ed.: Contimet GmbH, Krefeld

(2) "Titan Tikrutan®"
Ed.: Friedr. Krupp GmbH, Schmiede und Gießerei, Essen

(3) Schmidt, K. H.
Metall 27 (1973) 3, S. 300 - 303

(4) Gmelins Handbuch der Anorganischen Chemie
8. Auflage, Leipzig, Berlin, Weinheim/Bergstraße
Titan, System-Nr. 41 (1951)
Palladium, System-Nr. 65 (1942)
Chrom, System-Nr. 52, Teil A1 (1962)
Teil A2 (1963)
Teil B (1962)

(5) Mc Quillan, A. D. und M. K. Mc Quillan
"Titanium"
London, 1956

(6) Rüdinger, K.
Metall 19 (1965) 7, S. 765 - 766

(7) Rüdinger, K. und H. H. Weigand
Metall 27 (1973) 3, S. 241 - 245

(8) Kofstad, P.
"High-Temperature Oxidation of Metals"
New-York, London, Sydney, 1966

(9) Saulnier, A. in:
"L'oxidation des métaux", Tome II, S. 231 - 249
Ed.: J. Benard; Paris, 1964

(10) Kofstad, P.
J. Less-Common Metals, 12 (1967), S. 449 - 464

(11) Menzies, I. A. und K. N. Strafford
J. Less-Common Metals, 12 (1967), S. 85 - 106

(12) Menzies, I. A. und K. N. Strafford
J. Less-Common Metals, 37 (1974), S. 299 - 302

(13) Bakulin, A. V. und V. I. Syshchikov
Prot. Metals, 5 (1969) 1, S. 102 - 104

(14) Lajner, D. I., A. S. Baj und E. N. Slesareva
Fiz. metallov i metalloved., Sverdlovsk, 21 (1965) 6,
S. 864 - 867

(15) Dorin, V. A. und F. M. Tartakovkaja
Fiz.metallov i metalloved., Sverdlovsk, 17 (1964) 4,
S. 536 - 540

(16) Mc Donald, N. R. und G. R. Wallwork
Oxid. Metals, 2 (1970) 3, S. 263 - 283

(17) Wood, G. C.
Oxid. Metals, 2 (1970) 1, S. 11 - 57

(18) Richardson, L. S. und N. J. Grant
J. Metals, 6 (1954) 1, S. 69 - 70

(19) Gudkov, S.I., D.V. Lbedev und V.V. Reznicenko
Metalloved. i term. obrabotka, Moskva, (1970) 6, S. 23 - 26
(20) Kellerer, H. und L. Wingert
Met. Trans., 2 (1971) 1, S. 113 - 115
(21) Mal'cev, M.V., L.N. Morosov und V.N. Moiseev
Izv. VUZ cvetnaja metallurgija, Ordzhonikidse, 9 (1966) 2, S. 142 - 146
(22) Jenkins, A.E.
J. Inst. Metals, 82 (1953/54), S. 213 - 221
(23) Jenkins, A.E.
J. Inst. Metals, 84 (1955/56), S. 1 - 9
(24) Kinna, W. und W. Knorr
Z. Metallkunde, 47 (1956) 8, S. 594 - 598
(25) Kinna, W. und W. Knorr
Techn. Mitt. Krupp, 14 (1956) 4, S. 99 - 104
(26) Stringer, J.
Acta Met., 8 (1960) 11, S. 758 - 766
(27) Kofstad, P., P.B. Anderson und O.J. Krudtaa
J. Less-Common Metals, 3 (1961), S. 89 - 97
(28) Stringer, J.
J. Less-Common Metals, 6 (1964), S. 207 - 213
(29) Kornilov, I.I. und V.V. Glazova
Prot. Metals, 6 (1970) 2, S. 162 - 166
(30) D'jackov, V.I. und V.I. Tichomirov
Zh. prikl. chim., Moskva, 39 (1966) 3, S. 694 - 969
(31) Krajewski, W.
Dissertation TH Aachen, 1971
(32) Kofstad, P.
J. Less-Common Metals, 13 (1967), S. 635 - 638
(33) Hurlen, T.
J. Inst. Metals, 89 (1960/61) 4, S. 128 - 136
(34) Rosa, C.J.
Met. Trans., 1 (1970) 9, S. 2517 - 2522
(35) Ignatov, D.V., M.S. Model, L.F. Sokyriansky und A. Ya. Shinyaev, in:
"Titanium Science and Technology",
vol. 4, S. 2535 - 2544
Ed.: R.I. Jaffee und H.M. Burte, New York, London, 1973
(36) Wallwork, G.R. und A.E. Jenkins
J. Electrochem. Soc., 106 (1959) 1, S. 10 - 14
(37) Sedlacek, V. in:
"Oberflächenveränderung beim Glühen von Titan in Luft"
S. 81 - 97 Herausg.: Forschungsinstitut für NE-Metalle Leipzig, 1962
(38) Simnad, M., A. Spilners und O. Katz
J. Metals, 7 (1955) 5, S. 645 - 646
(39) Kubaschewski O. und B.E. Hopkins
"Oxidation of Metals and Alloys"
London, 1962
(40) Hauffe, K.
"Oxidation von Metallen und Metallegierungen"
Berlin, Göttingen, Heidelberg, 1956

(41) Stringer, J., G. Metcalf und M. L. Nicholson
J. Less-Common Metals, 4 (1962), S. 69 - 77

(42) Ignatov, D. V., Z. I. Kornilova und E. M. Lazarev, in:
"Titanium Science and Technology", vol. 4, S. 2545 - 2554
Ed.: R. I. Jaffee und H. M. Burte, New York, London, 1973

(43) Elliot, J. F. und M. Gleiser
"Thermochemistry for Steelmaking" vol. 1, S. 3 - 6
Reading, Mass., USA, 1960

(44) Winnacker-Küchler
"Chemische Technologie" Band 5 S. 311, 512, 525, 532
München, 1963

(45) Ullmanns Encyklopädie der technischen Chemie,
Band 17, S. 415 - 435
München, Berlin, Wien 1966

(46) Meckelburg, E.
Blech, Coburg, 14 (1967) 3, S. 96 - 106

(47) Weigand, H. H.:
Stahl und Eisen, 80 (1960), S. 174 - 187

(48) Amann, H. und H. Kellerer
Metall, 27 (1973) 3, S. 235 - 241

(49) Wasilewski, R. J.:
Trans. Met. Soc. AIME, 221 (1961) S. 1231 - 1235

(50) Landolt-Börnstein
Zahlenwerte und Funktionen, Band IV Technik
2. Teil, Bandteil c: "Leichtmetalle, Sonderwerkstoffe, Halbleiter, Korrosion" S. 2, 3, 10, 13
Berlin, Göttingen, Heidelberg, New York, 1965

(51) Yaggee, F. L., E. R. Gilbert und J. W. Styles
J. Less-Common Metals, 19 (1969), S. 39 - 51

(52) Merz, K. M., W. R. Brown und H. P. Kirchner
J. Amer. Ceram. Soc., 45 (1962), S. 531 - 536

(53) Baur, O., O. Kröhnke und G. Masing
"Die Korrosion metallischer Werkstoffe"
Leipzig, Band 1 (1936), Band 2 (1938)

(54) Dravnieks, A. und H. J. Mc Donald
J. Electrochem. Soc., 34 (1948) 2, 139 - 151

(55) Kovtun, S. F. und R. A. Ul'janov
"Effect of Alloying on the Physicochemical Properties of Titanium"
in: NASA Technical Translation; NASA TTF - 338
Kornilov, I. I.
"Physical Chemistry of Titanium"
"Works of the 5th Conference on Metallurgy, Physical Metallurgy and Application of Titanium and its Alloys"
March 1963
A. A. Baykov Institute of Metallurgy, Izdatel'stvo Nauka, Moskow (1964)
Ed.: National Aeronautics and Space Administration, Washington, D. C., USA, Nov. 1965, S. 120 - 136

(56) Harwood, J. J. (Ed.)
"The Metal Molybdenum" S. 420/461
American Society for Metals, Cleveland, Ohio, 1958

(57) Rostoker, W.
"The Metallurgy of Vanadium" S. 122/127
New York, London, 1958

(58) Zwicker, U.
"Titan und Titanlegierungen"
Berlin, Heidelberg, New York, 1974

(59) Eremeev, V. S., Yu. M. Ivanov und A. S. Panov
Izv. Akad. Nauk. SSSR, Metally, (1964), S. 262 - 267

(60) Wasilewski, R. J. und G. L. Kehl
J. Inst. Metals, 83 (1954/55), S. 94 - 104

(61) Repkin, V. D., G. V. Kurtukov, A. A. Kornilov und
V. V. Bespalov
in: "Metalloterm. Protsessy y Khimii i Metallurgii"
Verlag "Nauka", Novosibirsk, 1971, S. 320 - 330

(62) Conrad, H., M. Doner und B. de Meester, in:
"Titanium Science and Technology", vol. 2, S. 969 - 1005
Ed.: R. I. Jaffee und H. M. Burte, New York, London, 1973

(63) Hansen, M. und K. Anderko
"Constitution of Binary Alloys",
New York, N. Y. 1958
Elliot, R. P.
"Constitution of Binary Alloys, First Supplement"
New York, N. Y., 1965
Shunk, F. A.
"Constitution of Binary Alloys, Second Supplement"
New York, N. A., 1969

Werkstoff	Chemische Zusammensetzung								
	O	N	H	C	Fe	Al	Sn	V	Mo	Andere
Reinsttitan [ppm]	63	6	4	78	50	15	5	1	5	
Ti 0,2Pd [Massen-%]	0,039	0,01	0,002	0,01	0,03					0,22 Pd
Ti 5Al 2Sn "	0,30	0,012	0,0118	0,023	0,32	5,1	2,5			
Ti 6Al 4V "	0,134	0,014	0,003	0,022	0,11	6,4		4,2		
Ti 7Al 4Mo "	o,30	0,013	0,0046	0,023	0,14	6,9			4,0	
Ti 8Al 1Mo 1V "	0,12	0,009	n.b.	0,023	0,05	7,9		1,0	1,0	
Ti 6Al 4Zr 2Mo 2Sn "	0,10	0,010	0,01	0,026	0,008	6,3	2,1		2,1	4,0 Zr
Ti 13V 11Cr 3Al "	0,20	0,025	0,022	0,022	0,16	3,0		13,5		10,9 Cr

Tabelle 1: Chemische Zusammensetzung (nach Herstellerangaben) der untersuchten Titanbasiswerkstoffe. Konzentrationsangaben in Massen-%, bei Reinsttitan in ppm.

Werkstoff	H_{V20} kp/mm²	$H_{\mu 100}$ kp/mm²	σ_B kp/mm²	$\sigma_{0,2}$ kp/mm²
Reinstitan	160	173	-	-
Ti 0,2Pd	179	165	40	22
Ti 5Al 2Sn	320	340	96	88
Ti 6Al 4V	338	375	114	99
Ti 7Al 4Mo	394	431	121	116
Ti 8Al 1Mo 1V	335	363	113	106
Ti 6Al 4Zr 2Mo 2Sn	361	442	-	-
Ti 13V 11Cr 3Al	309	346	95	94

Tabelle2: Festigkeitswerte (nach Herstellerangaben) und Härte (eigene Messungen) der untersuchten Titanwerkstoffe.

Werkstoff	β_{100}^{500}	β_{500}^{900}	β_{100}^{900}
Reinsttitan	9,78	11,17	10,48
Ti 0,2Pd	-	-	-
Ti 5Al 2Sn	10,32	11,81	11,01
Ti 6Al 4V	9,82	11,07	10,39
Ti 7Al 4Mo	10,30	13,12	11,67
Ti 8Al 1Mo 1V	10,38	12,56	11,42
Ti 6Al 4Zr 2Mo 2Sn	10,30	11,89	11,03
Ti 13V 11Cr 3Al	10,37	12,33	11,30

Tabelle 3: Mittlere lineare thermische Ausdehungskoeffizienten der untersuchten Titanwerkstoffe (in $10^{-6}K^{-1}$)

Gas	$T [^oC]$	Δm [mg]	F [cm^2]	t [h]	K [$mg^2/cm^4 \cdot h$]
Luft	808	5,82	2,61	20	0,2485
	910	67,5	2,62	20	33,0
	1010	147,5	2,62	20	157,3
O_2	820	29,5	2,75	20	5,75
	905	56,7	2,74	20	21,5
	1003	101,5	2,76	20	67,5
N_2	828	9,4	2,69	20	0,61
	940	53,0	2,75	20	18,6
	1010	83,0	2,72	20	46,5

Tabelle 4: Messdaten und Zunderkonstanten von Reinsttitan in Luft, Sauerstoff und Stickstoff

	K_{20} [$mg^2/cm^4 \cdot h$]			-Q [kcal/mol]	
Gas	800^oC	900^oC	1000^oC	$800-900^oC$	$900-1000^oC$
Luft	0,158	21,4	135	121,8	47,1
O_2	4,1	20,2	66,0	39,7	34,9
N_2	0,229	5,89	41,2	81,2	40,5

Tabelle 5: Aus den Versuchsergebnissen von Tabelle 4 graphisch ermittelte Zunderkonstanten für genau 800, 900 und 1000^oC und Aktivierungsenergien der Verzunderung zwischen diesen Temperaturen

Tabelle 6: Meßdaten und Zunderkonstanten der untersuchten Titanlegierungen in Luft und Sauerstoff

a) in Luft

Werkstoff	T[°C]	Δm[mg]	F [cm²]	t[h]	K[mg²/cm⁴ h]
Ti o,2Pd	808	6,66	2,74	20	0,286
	905	81,5	2,61	20	48,8
	1014	118,0	2,39	20	121,9
Ti 5Al 2Sn	813	10,4	2,27	20	1,05
	910	28,0	2,20	20	8,10
	1003	68,8	2,27	20	45,9
Ti 6Al 4V	810	18,0	2,27	20	3,14
	907	40,5	2,28	20	15,8
	1012	79,2	2,27	20	60,9
Ti 7Al 4Mo	820	4,8	2,28	20	0,221
	911	16,0	2,28	20	2,46
	1018	42,2	2,28	20	17,13
Ti 8Al 1Mo 1V	813	12,4	2,28	24	1,23
	916	23,0	2,28	20	5,09
	1018	42,6	2,28	20	17,5
Ti 6Al 4Zr 2Mo 2Sn	827	8,1	2,28	20	0,631
	917	33,1	2,28	20	10,5
	1015	167,3	2,28	4	1350
Ti 13V 11Cr 3Al	820	19,8	2,28	20	8,54
	919	82,4	2,28	20	65,3
	1022	190,2	2,27	16	439

Tabelle 6: Fortsetzung

b) in Sauerstoff

Werkstoff	T [°C]	Δm [mg]	F [cm²]	t [h]	K [mg²/cm⁴·h]
Ti 0,2Pd	811	31,5	2,27	18,7	10,30
	910	74,6	2,74	20	37,1
	1011	103,8	2,36	20	96,3
Ti 5Al 2Sn	807	9,9	2,26	20	0,96
	905	30,5	2,28	20	8,95
	1014	80,0	2,26	20	62,7
Ti 6Al 4V	819	16,5	2,74	20	1,81
	905	37,7	2,74	20	9,48
	1017	110,3	2,73	20	82,0
Ti 7Al 4Mo	820	5,5	2,69	20	0,209
	916	17,8	2,74	20	2,11
	1000	42,0	2,70	20	12,1
Ti 8Al 1Mo 1V	815	7,4	2,28	20	0,527
	929	30,2	2,28	20	8,77
	1015	71,0	2,27	20	48,9
Ti 6Al 4Zr 2Mo 2Sn	821	9,5	2,30	20	0,853
	917	35,6	2,28	20	12,19
	1015	137,6	2,28	4	911
Ti 13V 11Cr 3Al	811	39,3	2,28	20	14,85
	919	91,5	2,27	20	81,2
	1018	166,0	2,27	20	267

Tabelle 7: Aus den Versuchsergebnissen von Tabelle 6 graphisch ermittelte Zunderkonstanten bei genau 800, 900 und 1000°C und Aktivierungsergien der Verzunderung zwischen diesen Temperaturen

Werkstoff	K_{20} [$mg^2/cm^4 \cdot h$]			-Q [kcal/mol]	
	800°C	900°C	1000°C	800-900°C	900-1000°C
	in Luft				
Ti 0,2Pd	0,185	46,6	109,3	134,1	25,3
Ti 5Al 2Sn	0,776	6,5	43,6	53,8	55,9
Ti 6Al 4V	2,57	13,9	52,2	42,3	39,0
Ti 7Al 4Mo	0,121	2,0	13,0	68,1	55,1
Ti 8Al 1Mo 1V	0,908	4,07	14,4	37,8	36,8
Ti 6Al 4Zr 2Mo 2Sn	0,250	6,35	638	81,2	150,9
Ti 13V 11Cr 3 Al	5,37	45,1	301	53,2	56,7
	in Sauerstoff				
Ti 0,2Pd	8,67	32,7	87,1	33,0	28,5
Ti 5Al 2Sn	0,809	8,1	49,5	57,6	53,8
Ti 6Al 4V	1,12	8,7	61,6	51,3	58,1
Ti 7Al 4Mo	0,123	1,48	12,1	62,2	62,3
Ti 8Al 1Mo 1V	0,34	4,52	37,0	64,1	61,5
Ti 6Al 4Zr 2Mo 2Sn	0,446	7,74	479	71,7	134,0
Ti 13V 11Cr 3Al	12,0	62,4	218	40,3	36,8

Tabelle 8: Diffusionsdaten für Stickstoff in Titan und Titannitrid

Phase	D_o [cm²/sec]	-Q [cal/mol]	Literatur
α-Ti	$1{,}2 \cdot 10^{2}$	45250 ± 2250	60
	0,2	57000	59
	$1{,}47 \cdot 10^{2}$	44000	61
	0,2...6,8	57000...÷..68000	62
β-Ti	$3{,}5 \cdot 10^{2}$	33800 ± 1400	5
	0,155	36800	61
TiN (δ-Ti)	$5{,}4 \cdot 10^{-3}$	52000 ± 3500	5
	20	90000	59
	$2{,}29 \cdot 10^{-3}$	50200	61

Tabelle 9: Untersuchte Titanwerkstoffe, geordnet nach abnehmender Zunderbeständigkeit.

in Luft:

800°C	900°C	1000°C
Ti 7Al 4Mo	Ti 7Al 4Mo	Ti 7Al 4Mo
Reinstitan	Ti 8Al 1Mo 1V	Ti 8Al 1Mo 1V
Ti 0,2Pd	Ti 6Al 4Zr 2Mo 2Sn	Ti 5Al 2Sn
Ti 4Al 4Zr 2Mo 2Sn	Ti 5Al 2Sn	Ti 6Al 4V
Ti 5Al 2Sn	Ti 6Al 4V	Ti 0,2Pd
Ti 8Al 1Mo 1V	Reinsttitan	Reinsttitan
Ti 6Al 4V	Ti 13V 11Cr 3Al	Ti 13V 11Cr 3Al
Ti 13V 11Cr 3Al	Ti 0,2 Pd	Ti 6Al 4Zr 2Mo 2Sn

in Sauerstoff:

800°C	900°C	1000°C
Ti 7Al 4Mo	Ti 7Al 4Mo	Ti 7Al 4Mo
Ti 8Al 1Mo 1V	Ti 8Al 1Mo 1V	Ti 8Al 1Mo 1V
Ti 6Al 4Zr 2Mo 2Sn	Ti 6Al 4Zr 2Mo 2Sn	Ti 5Al 2Sn
Ti 5Al 2Sn	Ti 2Al 2Sn	Ti 5Al 4V
Ti 6Al 4V	Ti 6Al 4V	Reinsttitan
Reinsttitan	Reinsttitan	Ti 0,2Pd
Ti 0,2Pd	Ti 0,2Pd	Ti 13V 11Cr 3Al
Ti 13V 11Cr 3Al	Ti 13V 11Cr 3Al	Ti 6Al 4Zr 2Mo 2Sn

Abbildungen

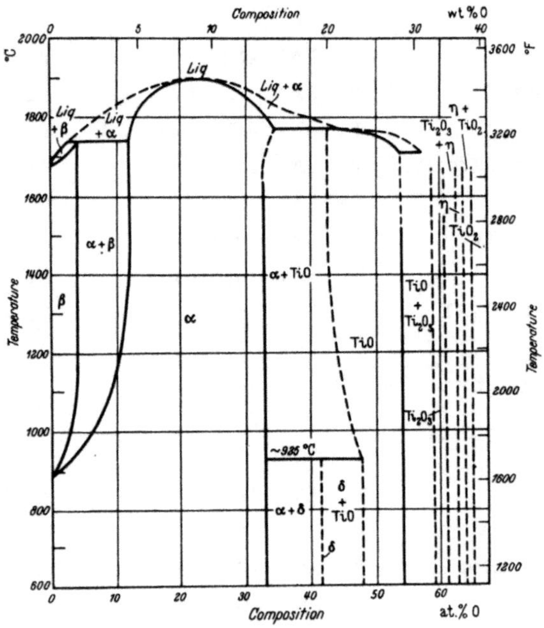

Abb. 1: Zustandsdiagramm Ti-O nach McQuillan (5)

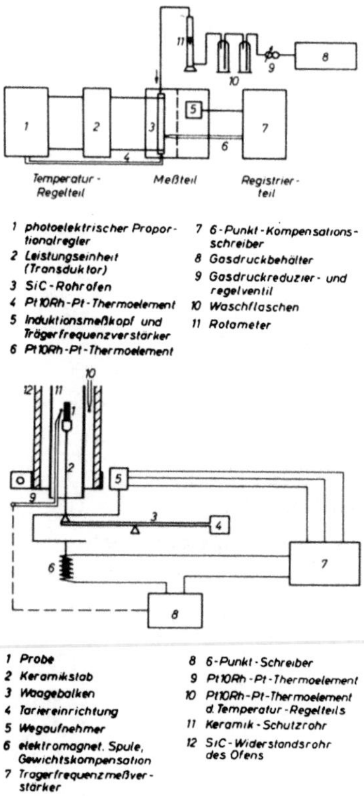

Abb. 2:

Schematischer Aufbau der Thermowaage nach Krajewski (31)

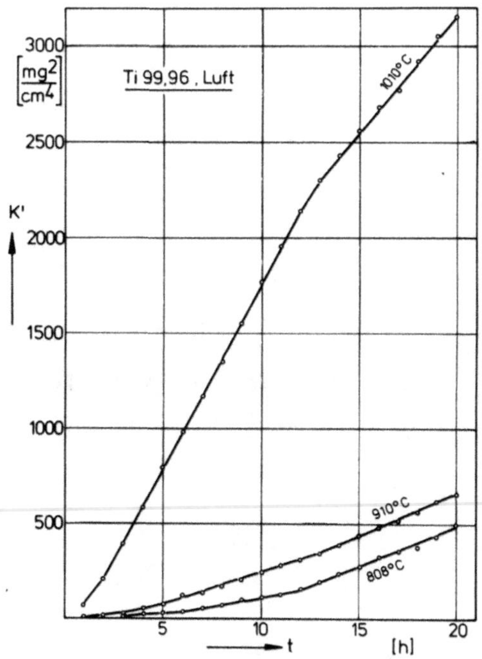

Abb. 3:

Oxidationsverhalten von Reinsttitan in Luft bei verschiedenen Temperaturen

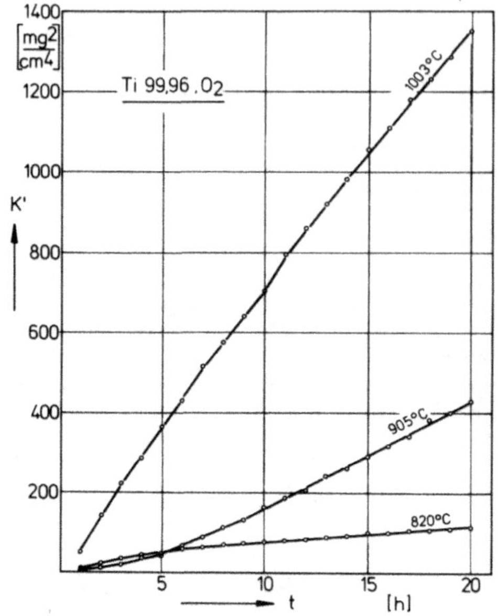

Abb. 4: Oxidationsverhalten von Reinsttitan in Sauerstoff bei verschiedenen Temperaturen.

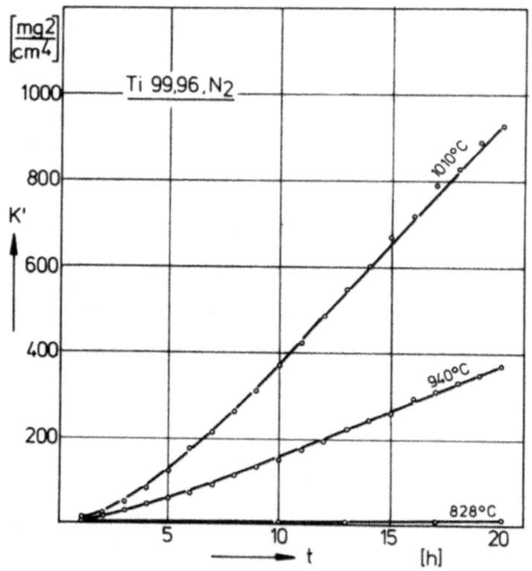

Abb. 5: Oxidationsverhalten von Reinsttitan in Stickstoff bei verschiedenen Temperaturen.

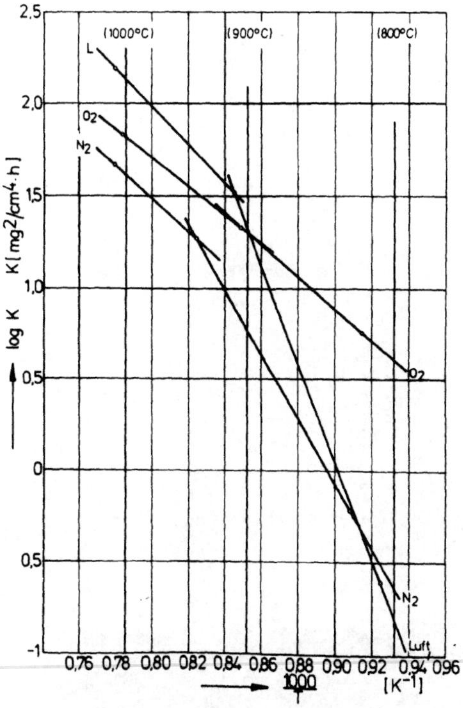

Abb. 6: Temperaturabhängigkeit der Zunderkonstanten von Reinsttitan in verschiedenen Korrosionsgasen.

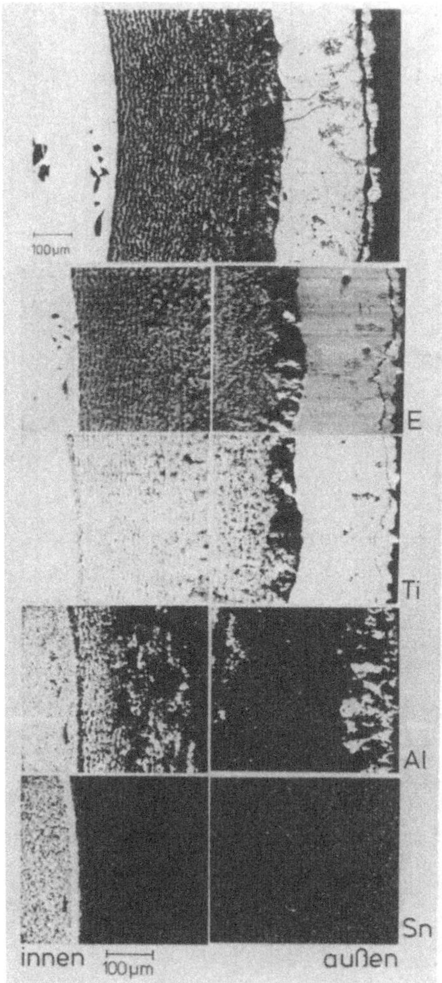

Abb. 7: Mikroskop- und Mikrosondenaufnahmen von 20 Stunden bei 1020°C in Sauerstoff oxidiertem Ti 5Al 2Sn.

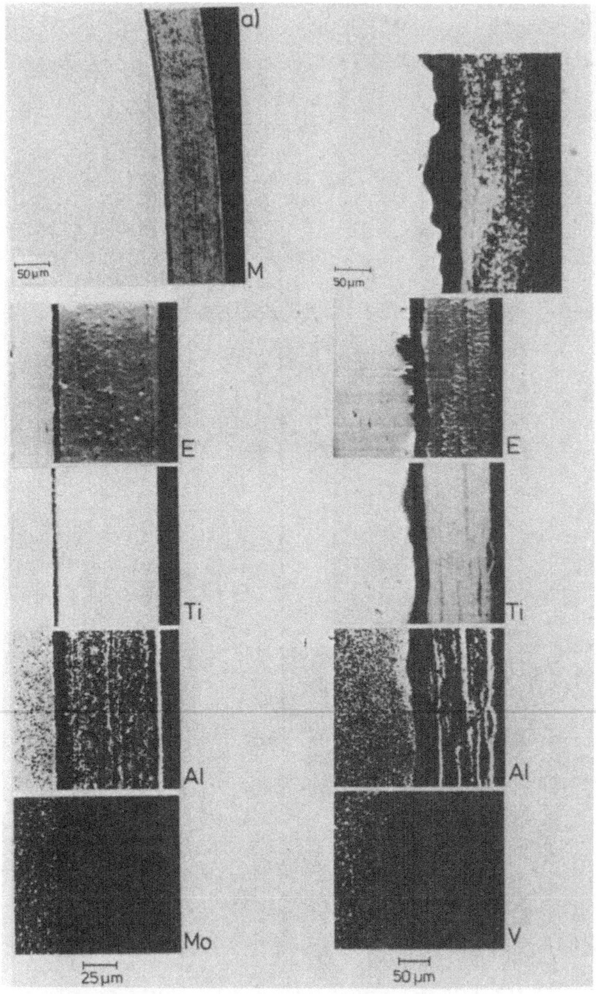

Abb. 8: Mikroskop- und Mikrosondenaufnahmen von 24 Stunden bei 1000°C in Sauerstoff oxidiertem Ti 7Al 4Mo (links) und 25 Stunden bei 914°C in Sauerstoff oxidiertem Ti 6Al 4V (rechts).

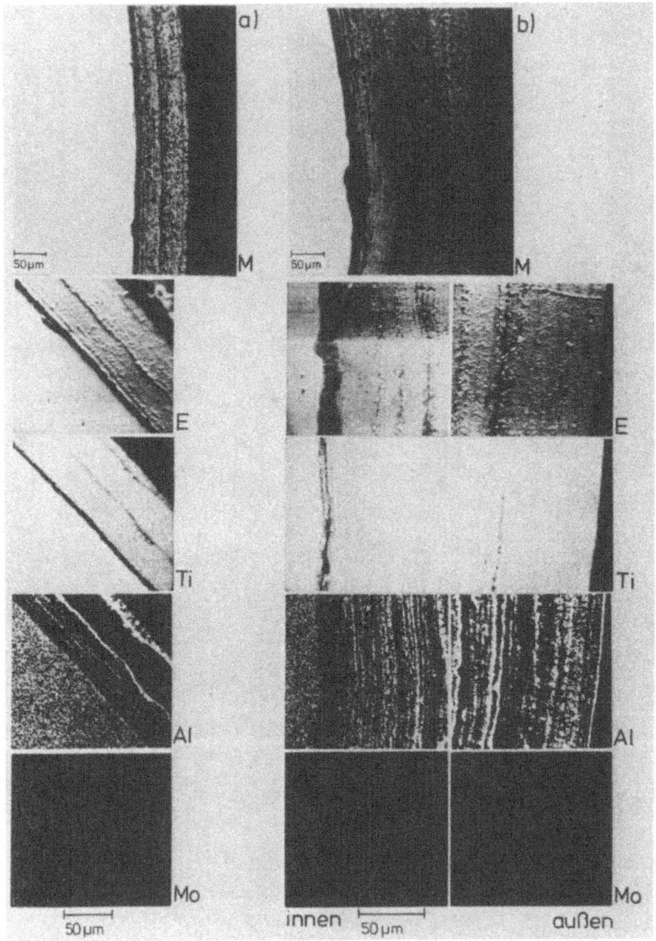

Abb. 9: Mikroskop- und Mikrosondenaufnahmen von 20 Stunden in Sauerstoff oxidiertem Ti 8Al 1Mo 1V, links bei 925°C, rechts bei 1015°C.

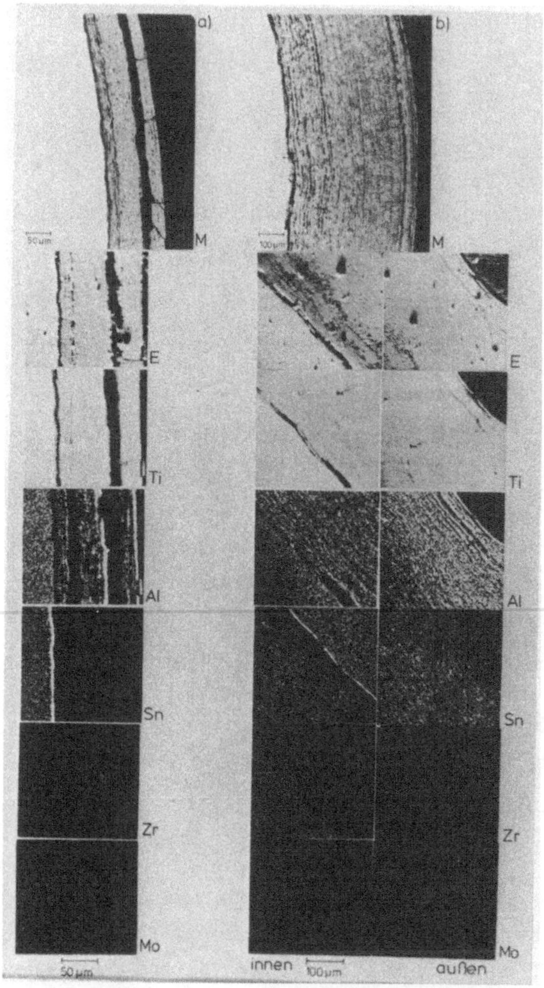

Abb. 10: Mikroskop- und Mikrosondenaufnahmen von in Sauerstoff oxidiertem Ti 6Al 4Zr 2Mo 2Sn, links 20 Stunden bei 917°C, rechts 4,2 Stunden bei 1015°C.

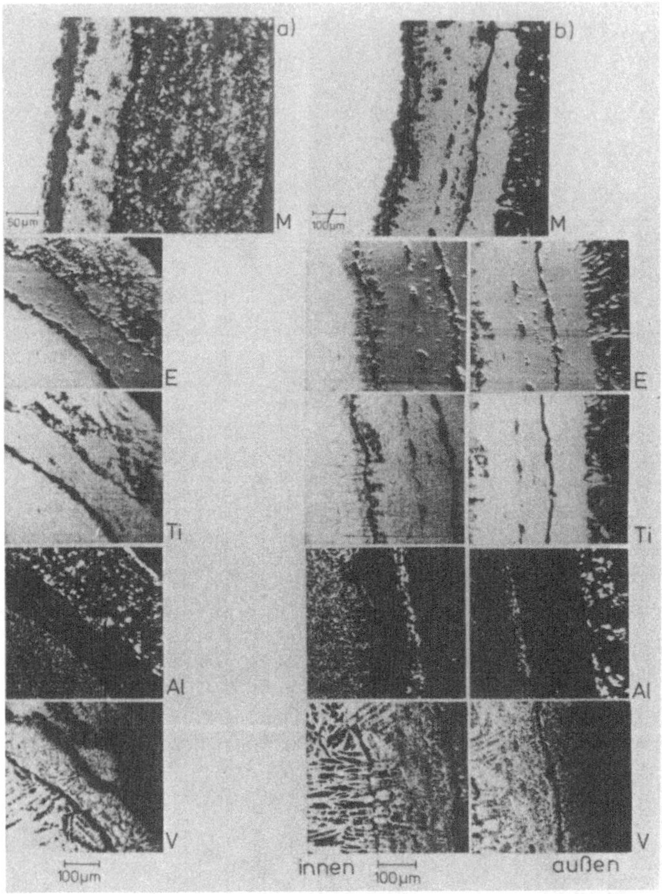

Abb. 11: Mikroskop- und Mikrosondenaufnahmen von etwa 20 Stunden in Sauerstoff oxidiertem Ti 13V 11Cr 3Al, links bei 919°C, rechts bei 1018°C.

FORSCHUNGSBERICHTE
des Landes Nordrhein-Westfalen

Herausgegeben
im Auftrage des Ministerpräsidenten Heinz Kühn
vom Minister für Wissenschaft und Forschung Johannes Rau

Die »Forschungsberichte des Landes Nordrhein-Westfalen« sind in zwölf Fachgruppen gegliedert:

Wirtschafts- und Sozialwissenschaften
Verkehr
Energie
Medizin/Biologie
Physik/Mathematik
Chemie
Elektrotechnik/Optik
Maschinenbau/Verfahrenstechnik
Hüttenwesen/Werkstoffkunde
Metallverarb. Industrie
Bau/Steine/Erden
Textilforschung

Die Neuerscheinungen in einer Fachgruppe können im Abonnement zum ermäßigten Serienpreis bezogen werden. Sie verpflichten sich durch das Abonnement einer Fachgruppe nicht zur Abnahme einer bestimmten Anzahl Neuerscheinungen, da Sie jeweils unter Einhaltung einer Frist von 4 Wochen kündigen können.

WESTDEUTSCHER VERLAG
5090 Leverkusen 3 · Postfach 300 620

GPSR Compliance

The European Union's (EU) General Product Safety Regulation (GPSR) is a set of rules that requires consumer products to be safe and our obligations to ensure this.

If you have any concerns about our products, you can contact us on ProductSafety@springernature.com

In case Publisher is established outside the EU, the EU authorized representative is:

Springer Nature Customer Service Center GmbH
Europaplatz 3
69115 Heidelberg, Germany

Batch number: 10577876

Printed by Printforce, the Netherlands